The Man Who Counted

셈도사
베레미즈의
모험

The Man Who Counted

셈도사 베레미즈의 모험

말바 타한 지음   이혜경 옮김

KM 경문사

셈도사 베레미즈의 모험

지은이 Malba Tahan
옮긴이 이혜경
펴낸이 조경희
펴낸곳 경문사
펴낸날 2024년 5월 28일 2쇄
등 록 1979년 11월 9일 제313-1979-23호
주 소 121-818, 서울특별시 마포구 와우산로 174
전 화 (02)332-2004 팩스 (02)336-5193
이메일 kyungmoon@kyungmoon.com

값 11,000원

ISBN 979-11-6073-286-3

홈페이지 www.kyungmoon.com

❖

데카르트와 파스칼, 뉴턴, 라이프니치, 오일러, 라그랑주, 콩트
기독교인 또는 무신론자들인 이들 일곱 명의 위대한 기하학자를 추모하며:

알라신이여 이들 이교도들을 불쌍히 여기소서!

그리고 잊지 못할 수학자이자 천문학자이며 이슬람 철학자인
알부 자파르 무함마드 이븐-무사 알 콰라미즈를 추모하며

알라신이여 그를 당신의 영광 안에 보호하소서!

그리고 또 경이로운 학문인 비례와 형태, 수, 제량과 함수, 운동
그리고 자연의 법칙을 공부하거나 가르치고 존중하는 모든 사람들에게 바칩니다.

예언자 알리 레지드 이즈-에딤 이븐-살림 후손이자 순례자이며 알라신과
그분의 성스러운 예언자 무함마드를 믿는
나 말타 타한이 전설과 환상으로 쓴 이 책을 바칩니다.

— 바그다드에서, 1321년 라마딘 달의 열아흐레 날에

| 차례 |

마음과 마음의 만남

하낙은 사마라에서 바그다드로 가는 길에 우연히 한 나그네를 만난다. 끊임없이 셈을 하는 사람과의 기이한 만남을 대하여.

자비로우신 알라의 이름 받들어 이야기를 시작
하려 한다! 내 이름은 하낙 타드 마이아이다. 나는 티그리스 강둑에 있는
유명한 도시 사마라로 여행 갔다가 느릿느릿 걷는 낙타 등에 몸을 싣고
바그다드로 돌아가는 길이었다. 그때 점잖은 차림의 한 나그네가 바위
위에 앉아 있는 것이 눈에 띄었다. 여행에 지친 몸을 쉬고 있는 것이리라.
　내가 길에서 만나는 사람들에게 의례적으로 하는 인사를 막 하려는
데 그가 벌떡 일어났다. 그리고 진지하게 "백사십이만 삼천칠백사십오"
라고 하고는 다시 같은 자리에 앉아 침묵에 빠졌다. 두 손으로 머리를 감
싸고 앉아 있는 모습이 마치 깊은 명상에 빠진 사람 같았다. 나는 어느
정도 거리를 두고 오래 된 유물을 관찰하듯이 그 사람을 지켜보았다.
　잠시 후 그 남자는 다시 벌떡 일어나더니 또렷하고 자신 있는 어조로

또 알 수 없는 수를 외쳤다. "이백삼십이만 천팔백육십육."

그 괴상한 나그네는 몇 번을 더 벌떡 일어나 백만 단위의 수를 내뱉고는 길 옆에 있던 바위 위에 털썩 주저앉기를 거듭했다. 나는 호기심을 누를 수 없어 나그네에게 다가갔다. 먼저 알라신의 이름으로 인사를 한 다음 그 알 수 없는 수들이 무엇을 의미하는지 물었다.

셈을 하던 남자의 대답은 이러했다.

"낯선 이여, 내 사고와 계산을 어지럽히는 그대의 호기심을 나무라지 않겠습니다. 그리고 그토록 정중하게 예의를 갖춰 말을 걸어오시니 말씀드리지요. 그런데 의미를 말씀드리기 전에 제가 지금까지 살아왔던 이야기를 들려 드리는 게 좋을 것 같습니다."

지금부터 여러분이 읽을 재미있는 이야기가 바로 그 사람이 들려준 이야기를 하나도 빠짐없이 적은 것으로 그와 함께 한 여행 이야기이기도 하다.

쉬지 않고 셈을 하는 사람

셈도사 베레미즈의 이야기. 비범한 계산 능력을 지닌 베레미즈와 하낙은
길동무가 되어 재미있는 여행을 떠난다.

"내 이름은 베레미즈 사미르입니다. 나는 아라라트 산의 거대한 피라미드가 그림자를 드리우는 페르시아의 한 작은 마을, 코이에서 태어났지요. 나는 아주 어릴 때부터 카마트 출신의 부유한 신사분 밑에서 목동일을 시작했습니다.

나는 매일 날이 밝는 대로 엄청난 양떼를 몰고 풀을 먹이러 나갔다가 어두워지기 전에 우리로 데리고 왔지요. 무리를 빠져나가 잃어버리는 양이 생기기라도 하면 가혹한 벌을 받을 것이기 때문에 하루에도 몇 번씩 양들을 세었습니다.

그러다 보니 셈에 아주 능숙해졌고 때로는 양떼 전체의 수를 한눈에 정확하게 셀 적도 있었습니다. 나는 계속 양들을 세면서 연습 삼아 하늘을 나는 새들도 세게 되었지요. 그렇게 해서 세는 일에 탁월한 능력이 생

졌습니다. 계속해서 개미와 그 밖의 다른 벌레 같은 것까지 세는 연습을 했지요. 그 덕택에 몇 달 후에는 벌떼의 수까지 셀 수 있을 정도로 셈에 능통해졌습니다. 그러나 그런 놀라운 능력도 그 후에 내가 했던 다른 많은 일들에 비하면 아무것도 아니지요. 자비로우신 주인님께서는 멀리 떨어진 오아시스 두어 곳에 대추밭을 소유하고 있었는데 내가 가진 비상한 수학적 능력에 대한 소문을 듣고는 내게 대추 파는 일을 감독하게 하셨습니다. 나는 대추 무더기를 하나씩 세어서 팔았습니다. 대추나무 아래서 이런 식으로 일하며 십 년 가까이 보냈습니다. 인자하신 주인님께서는 대추 판 돈을 잘 지켜준 것을 크게 기뻐하시며 제게 상으로 넉 달 동안 휴가를 주셨지요. 그래서 지금 바그다드로 가는 길입니다. 그 유명한 도시에 가서 일가 친지들도 만나고 아름다운 모스크(이슬람 사원 — 옮긴이)와 호화로운 궁전도 보고 싶어요. 그런데 가는 동안 시간을 허비하기 싫어서 이 고장에 있는 나무와 향기로운 꽃, 그리고 구름 사이로 날아다니는 새들을 세고 있는 것이지요."

그는 근처에 있던 오래 된 무화과나무를 가리키며 말을 계속했다.

"저 나무에는 가지가 284개가 있고 한 가지에 평균 347개의 잎이 달려 있어요. 그렇다면 나무에 달린 잎이 98,548개라는 결론이 쉽게 나오지요. 그렇지 않습니까?"

"굉장해요!"

나는 탄성을 질렀다.

"나무에 붙은 가지의 수와 정원에 있는 모든 꽃들의 수를 한눈에 셀 수 있는 사람이 있다니 믿어지지 않습니다. 그런 능력이 있는 사람이라면 누구라도 엄청난 부자가 될 수 있을 거예요."

"정말이십니까?"

베레미즈가 놀라며 물었다.

"저는 나뭇잎 몇 백만 개와 벌떼의 수를 세는 능력으로 돈을 벌 수 있다는 생각은 전혀 해본 적이 없습니다. 나무 한 그루에 붙어 있는 가지가 몇 개이며 하늘을 날아다니는 새가 몇 마리인지 누가 관심이 있겠어요?"

"그 정도로 놀라운 능력이라면 오라는 곳이 2만 군데는 될 겁니다. 콘스탄티노플 같은 대도시나 바그다드 같은 곳에서도 나라를 위해 중요하게 쓰일 수 있을 테구요. 인구나 군인, 가축의 수를 셀 수 있을 테니까요. 국가 자원이나 추곡 가격, 세금이나 조달품뿐 아니라 국가의 재산까지 쉽게 통계 낼 수 있잖아요. 제가 알고 있는 인맥(바그다드 출신이니까)을 통하면 우리의 군주이시며 주인이신 칼리프 알 무타심을 위해 일할 수 있는 요직을 찾는 일이 어렵지 않을 겁니다. 재무장관이 될 수도 있고 이슬람 왕실의 비지에르(고관, 대신 — 옮긴이)가 될 수 있을지도 몰라요."

"그게 사실이라면 저는 이미 마음을 정했습니다. 바그다드로 가지요."

베레미즈가 선뜻 대답했다.

그리고 그는 더 이상 군소리 않고 한 마리밖에 없던 내 낙타 등에 올라탔다. 호화로운 도시 바그다드를 향한 우리의 긴 여정은 그렇게 시작되었다. 한 시골 길에서 우연히 만난 뒤로 우리는 친구이자 떨어질 수 없는 동지가 되었다.

베레미즈는 유쾌하고 말이 많은 성품이었다. 아직 젊은 나이였지만 (26세가 채 안 된 나이) 그는 탁월한 지능과 뛰어난 수학적 재능을 지니고 있었다. 아주 사소한 사건을 통해서도 전혀 생각지 못했던 비유를 들어 예리한 수학적 자질을 드러내보였다. 뿐만 아니라 그가 하는 이야기 자체만으로도 흥미롭고 신기했다. 그는 옛날 이야기나 일화들을 활용해서 자신의 의도를 설득력 있게 전달하는 능력까지 있었다.

이따금 엄청난 계산에 몰두하고 있을 때면 몇 시간씩 말을 하지 않을 때도 있었다. 무슨 말을 해도 들리지 않는 듯한 침묵에 싸여 있었다. 그럴 때면 누구도 그를 방해하지 않으려고 무척 애를 썼다. 아랍인들이 발전시키고 확대한 수학의 난해한 문제들에 대한 해답을 그의 비범한 정신 안에서 찾을 수 있도록 그대로 두었던 것이다.

03

부담스런 유산

세 명의 아랍인 형제가 낙타 35마리를 나누어 가져야 하는 특이한 일화.
누가 봐도 불가능한 나눗셈을 베레미즈는 멋지게 해결하고 뜻밖의 이득
을 얻는다.

B E A S T S   O F   B U R D E N

몇 시간 동안을 쉬지 않고 길을 가고 있는데 드디어 베레미즈의 뛰어난 계산 능력을 활용할 기회가 왔다. 그 이야기는 이 책에 옮겨 적을 만한 가치가 있는 것이다.

절반은 못 쓰게 된 오래 된 여관 근처에 이르렀을 때 우리는 낙타 떼 옆에서 열띤 언쟁을 벌이고 있던 남자 셋을 만났다. 남자들은 소리를 지르고 욕을 하는 와중에 격렬한 몸짓도 오고갔다. 그들의 성난 고함소리가 우리 귀에까지 들릴 정도였다.

"말도 안돼!"

"그건 강도 짓이야!"

"난 찬성 못해!"

영리한 베레미즈가 그들에게 다투는 이유를 물었다.

형제 중 맏이가 대답했다.

"우리는 형제간인데 여기 있는 낙타 35마리를 유산으로 받았소. 그런데 아버님께서는 그중 절반은 제가 가지고 3분의 1은 동생 하메드, 그리고 9분의 1은 막내인 하림이 차지할 것을 명시하셨지요. 그런데 우리는 나눗셈을 어떻게 하는지 모르는 데다 우리 중 누가 제안을 하면 나머지 둘이 반대를 하는 겁니다. 지금까지 여러 방법을 시도해 봤지만 어떤 것도 소용없었습니다. 35의 절반이 17과 1/2이면 그것의 3분의 1이나 9분의 1이 정수가 될 수 없지 않습니까? 그런데 어떻게 나눗셈을 할 수 있겠어요?"

"아주 간단합니다."

셈도사 베레미즈가 대답했다.

"제가 공정하게 나누어드릴 수 있어요. 약속하죠. 그런데 때마침 우리를 여기까지 데리고온 이 훌륭한 낙타 한 마리도 유산에 포함시킬 수 있도록 허락해 주십시오."

이번에는 내가 반대하고 나섰다.

"나는 그런 미친 짓을 허락할 수 없네. 낙타를 잃고 어떻게 여행을 계속할 수 있단 말인가?"

"친구, 걱정 마시게. 내게 다 방법이 있으니까. 자네 낙타나 내주고 결과나 지켜보게나."

확신에 찬 어조에 나는 조금도 망설이지 않고 멋진 낙타 자말을 건네주었다. 그리고 그 낙타는 세 형제가 나누어가져야 할 낙타 수에 더해졌다.

"지금부터 제가 여기 있는 낙타 36마리를 가장 공정하고 정확하게 나눠보겠습니다."

베레미즈는 맏이에게 이렇게 말했다.

"당신은 35의 절반인 17과 1/2을 가지기로 되어 있었는데 이제 36의 1/2인 18마리를 받게 될 것이오. 이 나눗셈으로 당신은 덕을 보았으니 불만이 없을 겁니다."

이번에는 둘째를 향해 말을 계속했다.

"그리고 하메드 씨, 당신은 35의 1/3인 11과 얼마를 받기로 되어 있었는데 이제 36의 1/3인 12마리를 받을 것이오. 당신도 역시 이 계산법으로 이득을 보았으니 반대할 수 없겠죠?"

마지막으로 막내에게 말했다.

"이제 막내인 하림 나미르 씨, 당신은 아버님의 마지막 소원에 따라 35의 1/9 즉 3과 얼마를 받기로 되어 있었지요. 그런데 나는 당신에게 36의 1/9인 4마리를 주겠소. 당신은 상당히 이득을 보았으니 내게 감사해야 할 것입니다."

그리고 자신 있는 말투로 결론을 내렸다.

"이렇게 모두에게 이익이 되는 유익한 계산법에 따라 18마리는 맏이에게 12마리는 둘째, 그리고 4마리는 막내에게 돌아가게 되었습니다. 그것을 모두 합하면 18 + 12 + 4 = 34마리가 되지요. 따라서 36마리에서 두마리가 남습니다. 모두들 아시다시피 1마리는 바그다드에서 온 제 친구의 소유였지요. 그리고 나머지 1마리는 이렇게 복잡한 유산문제를 모두가 만족스럽게 해결해준 제게 소유권이 있지 않을까요?"

그러자 형제 중 맏이가 감탄하며 말했다.

"낯선 이여, 당신은 지능이 탁월한 분이오. 우리는 당신의 결정이 정의롭고 공평하게 이루어졌다는 것을 확신하며 그 결정을 받아들이겠습니다."

셈도사, 영리한 베레미즈는 가장 좋은 품종의 낙타 한 마리를 소유하게 되었다. 그리고 그는 내 낙타의 고삐를 건네주며 말했다.

"이것 보게 친구, 이제 자네의 낙타를 타고 편안하고 기분 좋게 길을 떠나도록 하세. 이제 나를 태우고 갈 녀석이 생겼으니 말이야."

우리는 바그다드를 향해 계속 길을 갔다.

04

나누어 먹은 빵

부상당하고 굶주리기까지 한 회교도 족장을 우연히 구해주는 두 사람. 족
장은 보답으로 금화를 주는데……. 세 종류의 나눗셈, 즉 단순한 나눗셈,
정확한 나눗셈, 완벽한 나눗셈에 대해 알게 된다.

그로부터 3일 뒤 우리는 시파르라는 폐허가 된 작은 마을에 도착하여 가엾은 나그네 한 명이 땅바닥에 엎드려 있는 것을 보았다. 그는 옷이 갈기갈기 찢겨져 있었다. 심하게 다친 것이 분명했다. 우리는 봉변을 당한 그를 구해주었고 나중에 그는 자신이 당했던 불행에 관한 이야기를 들려주었다.

　　그의 이름은 살렘 나사이르로, 바그다드에서 손꼽히는 상인이었다. 며칠 전, 대규모 대상행렬을 이끌고 바사르에서 엘 힐라를 향해 가는 도중에 페르시아 사막에서 도적 떼의 공격을 받았다. 행렬은 약탈당하고 사람들은 거의 모두 목숨을 잃었다. 대상행렬의 우두머리였던 그는 모래 위에 쓰러져 있던 노예 시체들 틈에 숨었다가 기적적으로 목숨을 건지게 되었다.

자신이 당했던 재앙에 관한 이야기를 마치자 그는 떨리는 목소리로 물었다. "혹시 먹을 것이 좀 있습니까? 배고파 죽을 지경입니다."

"저한테 빵 세 덩어리가 있습니다." 내가 대답했다.

"저는 다섯 덩어리가 있습니다." 셈도사도 대답을 했다.

그러자 부상당했던 부자는 이런 제안을 했다.

"좋습니다. 그 빵을 제게 나누어주시겠습니까? 그러면 제가 그에 걸맞은 대가를 지불하겠습니다. 바그다드에 돌아가면 빵 값으로 금화 여덟 닢을 드리지요."

우리는 그렇게 하기로 했다.

다음 날 오후 늦게 우리는 명성이 자자한 동양의 진주, 바그다드로 들어갔다. 시끌벅적한 광장을 통과하는데 마침 호화스러운 행렬이 지나가 우리는 가던 걸음을 멈췄다. 대신들 가운데 한 명이며 실력자인 이브라힘 말루프가 우아한 밤색 말 위에 앉아 행렬을 이끌고 있었다. 우리와 함께 있던 살렘 나사이르를 본 이브라힘 말루프는 호화로운 행렬을 멈추고 큰 소리로 그를 불렀다.

"아니, 이게 어떻게 된 일인가? 어찌하여 그런 누더기 차림으로 낯선 사람과 함께 바그다드로 왔단 말인가?"

그 가엾은 부자는 여행을 하는 동안에 일어났던 모든 일
을 상세히 설명했고, 감격 어린 어조로 우리를 칭찬했다.
그러자 비지에르가 말했다.

"저 두 이방인에게 당장 대가를 지불하도록
하라."

그는 지갑에서 금화 여덟 닢을 꺼내 살렘 나
사이르에게 주며 말했다.

"지금 당장 집으로 데려다주겠네. 칼리프의 영토에서 우리의 대상을
약탈하고 우리의 친구들을 공격한 베두인족과 도적떼의 무례한 행동에
관해 믿는 이들의 옹호자이신 전하께서 틀림없이 듣고 싶어 하실 것이네."

그때 살렘 나사이르가 우리를 보며 말했다.

"친구들이여, 나는 이제 그대들과 헤어져야겠소. 그대들의 도움에 다
시 한 번 감사를 표하며 약속대로 그대들이 보여준 후한 인심에 보답하
고 싶소."

그는 셈도사에게 말했다.

"여기 그대가 가지고 있던 빵 다섯 덩어리에 해당하는 금화 다섯 닢
이 있소이다."

그러고는 내게 "바그다드 친구여, 그대의 빵 세 덩어리에 대한 금화
세 닢이오."라며 돈을 건네주었다.

그런데 셈도사가 정중히 거절하는 게 아닌가. 나는 몹시 놀랐다.

"나으리, 저를 용서하십시오. 지금 하신 나눗셈은 분명 매우 간단한 것이오나 수학적으로는 옳지 않습니다. 제가 다섯 덩어리를 드렸으니까 제게 일곱 닢을 주셔야 합니다. 그리고 세 덩어리를 내놓은 제 친구는 한 닢만 받아야 합니다."

비지에르가 매우 흥미롭다는 듯이 탄성을 울렸다.

"무함마드의 이름 받들어 묻노니 낯선 이여, 그런 이상한 나눗셈법을 우리가 알아들을 수 있게 설명해 보시겠소?"

셈도사는 비지에르에게 다가가서 이렇게 말했다.

"나으리, 제 계산법이 수학적으로 옳다는 것을 증명해 보이겠사옵니다. 여행 도중에 배가 고플 때 제가 빵 한 덩어리를 꺼내 세 조각으로 나누어 각각 한 조각씩 먹었습니다. 그러니까 제가 가지고 있던 다섯 덩어리가 15조각이 된 것이지요. 그렇지 않습니까? 그리고 제 친구의 빵 세 덩어리로 아홉 조각을 만들었으니 더해서 모두 24조각이 되었습니다. 제 빵으로 나눈 15조각 중에서 제가 여덟 조각을 먹었습니다. 그러니까 실제로 저는 일곱 조각을 바친 것이 되지요. 제 친구는 자신의 빵을 나누어서 만든 아홉 조각 중에서 똑같이 여덟 조각을 먹었으니까 결국 한 조각을 바친 것이 되는 겁니다. 제 빵으로 나눈 것 중에서 일곱 조각 그리고 제 친구의 빵으로 나눈 것에서 한 조각을 합치면 살렘 나사이르 나으리가 드신 여덟 조각이 됩니다. 그러니 제가 금화 일곱 닢을, 제 친구는 한 닢만을 받아야 하는 것이 맞지 않습니까?"

비지에르는 셈도사를 침이 마르도록 칭찬한 다음 그에게는 금화 일곱 닢을, 나한테는 한 닢을 주라고 명하였다. 그의 증명은 논리적이고 완벽하며 논쟁의 여지가 없었다.

그러나 베레미즈는 그 나눗셈법에 만족하지 않은 게 분명했다. 그는 놀라움을 감추지 못하고 있는 비지에르를 향해 말을 이었다.

"제게는 일곱 닢을 주시고 제 친구에게는 한 닢만 주어야 한다는 이 나눗셈법이 수학적으로는 완벽할지 모르지만 알라신의 눈으로 보면 완벽하지 않사옵니다."

그리고 다시 동전을 모아 똑같이 나누어서 내게 네 닢을 주고 자신이 네 닢을 가졌다.

비지에르는 "저 사람은 비범한 인물임에 틀림없어"라고 단언했다.

"그는 여덟 닢을 다섯 닢과 세 닢으로 나누어주겠다는 첫 제안을 받아들이지 않고 자신이 일곱 닢, 친구가 한 닢을 받아야 한다고 증명까지 해보이더니 다시 동전을 똑같이 나누어서 친구에게 반을 주지 않았는가."

비지에르는 다시 감동 어린 어조로 말했다.

"알라신의 이름으로 말하노니 계산이 빠르고 지혜로운 이 젊은이는 착하고 관대한 친구이기도 하다. 그는 오늘 이 시간부터 나의 서기가 될 것이다."

"위대하신 나으리, 나으리께서는 지금 20개의 어절과 58개의 글자를 써서 표현하셨습니다. 이는 제가 지금까지 들었던 것 중에서 가장 큰 칭찬입니다. 알라신의 가호와 축복이 영원히 함께 하시길 빕니다!"

내 친구 베레미즈는 어절과 글자의 수까지 세는 능력이 있었다. 우리는 모두 그가 보여준 부러울 만한 천재성에 놀라움을 감추지 못했다.

05

최소한의 단어 수

여행하는 동안 두 사람이 말한 어절 수, 1분 동안 말한 평균 어절 수 등을 헤아리는 베레미즈의 놀라운 계산법은 황금거위 여관에서 또 한번 발휘된다.

나사이르와 비지에르 말루프와 헤어진 후 우리
는 술레이만 사원 근처에 있는 황금거위라는 작은 여관으로 향했다. 우
리는 타고 갔던 낙타를 그 근처에 사는 오랫동안 알고 지내던 낙타 몰이
꾼에게 팔았다.

　가는 길에 내가 말했다.

　"자, 어떤가. 내가 자네와 같은 재능을 가진 산술의 고수라면 바그다드
에서 일자리를 얻기 쉬울 것이라고 했던 말이 맞지? 우리가 이곳에 도착하
자마자 비지에르 나으리의 서기가 되어 달라는 요청을 받지 않았나 말일
세. 이제 자네는 쓸쓸하고 황량한 코이 마을로 돌아가지 않아도 될 거야."

　"내가 여기서 성공하여 부자가 된다 해도 언젠가는 페르시아로 돌아가
고국 땅을 다시 보고 싶다네. 오아시스에서 성공과 행운을 얻었다고 해서

조국과 어릴 적 친구를 잊는다면 감사할 줄 모르는 인간이 아니겠는가?"

그리고 그는 내 팔을 잡으며 말을 이었다.

"우리는 정확히 8일 간을 함께 여행했어. 그 동안 내가 관심 있는 것들에 관해 깊이 생각하고 중요한 점들을 밝혀내면서 했던 낱말이 정확히 414,720개라네. 8일이면 11,520분이니까 여행하는 동안 1분에 36개의 낱말을 내뱉은 셈이지. 이것은 한 시간당 2,160 낱말이 되는 거야. 이 수는 내가 말을 거의 하지 않았다는 것을 보여주는 한편 분별력 있게 행동했으며, 자네와 쓸데없는 대화를 하느라고 시간을 허비하지 않았다는 사실을 증명하는 것이지. 말을 거의 하지 않는 지나치게 과묵한 사람도 바람직하지 않은 인물이지만 쉬지 않고 말을 하는 사람도 함께 있는 사람을 지루하고 짜증나게 만들지. 그러니 우리는 무뚝뚝하거나 무례를 범하지 않는 범위에서 알맹이가 없는 수다는 피해야 한다네."

셈도사는 말을 멈추고 잠깐 쉬었다.

"페르시아의 테헤란에 아들 셋을 둔 늙은 상인이 있었다네. 하루는 노인이 세 아들을 모두 불러들여 이렇게 말했지. '쓸데없는 말을 한마디도 하지 않고 하루를 보낼 수 있는 사람이 있으면 상으로 금화 23닢을 주겠다.

저녁이 되자 세 아들이 늙은 아버지 앞에 나타났어. 맏아들이 먼저 말했지. '아버님, 오늘 저는 쓸데없는 말을 모두 참았습니다. 그러니 약속하신 상금은 제가 받아야 한다고 생각합니다. 아버님도 기억하시겠지만 상

금은 23닢입니다.'

　이번에는 둘째 아들이 노인에게 다가가서 그의 손에 입을 맞추고는 '아버님, 안녕히 주무십시오'라는 말만 했어.

　막내 아들은 아예 한마디도 하지 않았지. 그는 아버지 가까이 가서 상금을 받으려고 손을 내밀기만 했다네. 세 아들의 행동을 눈여겨본 아버지는 이렇게 말했지. '큰아이는 내 앞에 와서 쓸데없는 말을 많이 늘어놓아서 나를 산만하게 만들었고 막내는 너무 퉁명스럽게 굴었다. 따라서 상금은 둘째에게 돌아가게 되겠구나. 너는 허세를 부리지 않으면서 신중하고 수다스럽지 않게 간결하게 말했다.'"

　이야기를 끝낸 베레미즈가 내게 물었다.

　"부자 노인이 세 아들을 공정하게 판단했다고 생각지 않나?"

　나는 대답하지 않았다. 모든 것을 항상 숫자로 나타내고 평균을 내며 문제를 풀어대는 이 비범한 사람과 금화 23닢에 대해 논쟁을 벌이고 싶지 않았기 때문이다.

　잠시 후 우리는 황금거위 여관에 도착했다. 여관 주인은 살림이라는 사람으로 한때 내 부친 밑에서 일했던 사람이었다. 그는 나를 보고 빙그레 웃으며 큰소리로 말했다.

　"도련님께 신의 가호가 있기를! 언제든 명령만 내리십시오. 즉시 대령하겠나이다."

나는 그에게 셈도사이며 비지에르 말루프의 서기가 된 내 친구 베레미즈 사미르와 내가 쓸 방이 하나 필요하다고 했다.

"이 분이 수학자이십니까? 그렇다면 정말 잘 오셨습니다. 제가 지금 어려운 상황에 처해 있었습죠. 지금 막 보석상 한 사람과 다퉜습니다. 한참 언쟁을 했지만 아직도 해결하지 못한 문제가 있습니다요."

위대한 수학자가 여관에 도착했다는 말을 듣고 호기심 많은 사람들 몇 명이 모여들었다. 보석상도 불려왔는데 그는 이 문제 해결에 지대한 관심이 있다고 딱 잘라 말했다.

"다투게 된 원인이 무엇인가요?" 베레미즈가 물었다.

늙은 살림이 보석상을 가리키며 대답했다.

"이 사람은 시리아에서 바그다드로 보석을 팔러 왔습죠. 자기가 가지고온 보석을 몽땅 100디나르에 팔면 숙박비로 20디나르를 내고, 200디나르에 팔면 35디나르를 내기로 저와 약속을 했지요. 며칠을 돌아다닌 끝에 그는 가지고온 보석을 모두 140디나르를 받고 처분했습니다요. 그러면 우리가 약조한 대로 하면 저 사람이 제게 얼마를 지불해야 되는 겁니까?"

시리아에서 온 보석상이 말했다.

"24와 1/2디나르지! 200디나르를 받으면 35디나르를 내기로 했지 않

나. 논리적으로 말하자면 20디나르에 팔면 10분의 1이니까 3과 1/2디나르만 지불하면 되지. 자네도 알다시피 내가 보석을 140디나르에 팔았으니 그것은 20의 7배인 140이 아닌가. 내 계산이 맞다면 말일세. 그러니까 20디나르에 팔면 3과 1/2을 내야 한다면 140디나르에 팔았으니 3과 1/2의 7배인 24와 1/2디나르만 주면 되는 것이지."

보석상이 주장하는 금액

$$200 : 35 = 140 : x$$

$$x = \frac{35 \times 140}{200} = 24\frac{1}{2}$$

"그게 아니지." 늙은 살림이 짜증스럽게 대답했다.

"내 계산대로 하면 28디나르가 나온다니까. 잘 들어보라구! 100디나르에 팔면 내가 20디나르를 받아야 하니까 140디나르면 28디나르를 받아야지. 계산하나마나 아닌가! 내가 보여주지."

늙은 살림의 이론은 이랬다.

"100니나르에 팔면 네가 20디나르를 받게 되어 있지. 그러면 100의 10분의 1이 10디나르니까 20의 10분의 1은 2디나르 아닌가. 따라서 나는 10디나르당 2디나르를 받아야 한다구. 그러면 140은 10의 몇 배인가? 14배가 아닌가? 그러니까 140디나르에 팔면 2의 14배인 28디나르가 된다 이 말일세."

늘은 살림이 주장하는 금액

$$100 : 20 = 140 : x$$

$$x = \frac{20 \times 140}{100} = 28$$

늘은 살림은 계산을 다 끝내고 나더니 단호하게 소리쳤다.

"나는 28디나르를 받아야 해! 이게 올바른 계산법이라구!"

이때 셈도사가 나섰다.

"여러분 진정하시오. 우리는 예의를 갖추고 조용히 문제를 풀어가야 합니다. 증오심은 분노와 실수를 불러들이지요. 제가 보여드리겠지만 두 분이 제시하신 답은 모두 틀렸어요."

그는 시리아인 보석상에게 말했다.

"두 분이 약조하신 대로라면 당신이 보석을 모두 100디나르를 받고 팔면 숙박비로 20디나르를 내기로 되어 있었습니다. 하지만 200디나르에 팔면 35디나르를 내야지요. 그러므로 다음과 같은 식이 성립됩니다.

판매대금 $200 - 100 = 100$

숙박비 $35 - 20 = 15$

"보시다시피 판매대금의 차액인 100디나르당 숙박비는 15디나르 차이가 납니다. 확실합니까?

"낙타의 젖만큼 확실하오." 두 사람이 동의했다.

"그러면 판매대금이 100디나르 증가함에 따라 숙박비가 15디나르씩 차이가 난다면 제가 묻겠는데, '판매대금이 40디나르밖에 증가하지 않으면 숙박비는 어떻게 달라질까요?' 차액이 100의 5분의 1인 20디나르이면 숙박비는 3디나르 증가하게 되지요. 왜냐하면 15의 5분의 1은 3이니까요. 그러면 40디나르는 20의 두 배니까 숙박비도 6디나르만큼 증가해야 할 것입니다. 그러므로 보석을 140디나르에 팔았다면 숙박비는 26디나르가 되어야지요."

베레미즈가 제안한 금액

$$100 : 15 = 40 : x$$

$$x = \frac{15 \times 40}{100} = 6$$

"여러분, 수란 지극히 단순하기 때문에 아주 지혜로운 사람의 눈도 흐려질 경우가 있습니다. 우리가 생각하기에 완벽하게 보이는 나눗셈에도 때로는 실수가 생길 수 있는 법입니다. 계산이라는 것이 그렇게 불확실할 수 있기 때문에 수학자들이 누구도 부인할 수 없는 특권을 누릴 수 있는 것 아니겠습니까? 약속한 조건에 따르면 보석상은 처음에 생각했던 24와 1/2디나르가 아니라 26디나르를 지불해야 합니다. 그러나 이 마지막 해답에도 숫자만으로는 표현하기 어려운, 가볍게 넘겨서는 안 될 사소한 차이점이 있긴 합니다."

"저 신사분의 말씀이 맞습니다. 내 계산법이 틀렸다는 것을 알겠습니다."

보석상이 그의 말에 동의했다.

그리고 그는 주머니에서 선뜻 26디나르를 꺼내 늙은 살림에게 주었다. 그와 동시에 영리한 베레미즈에게 애정 어린 말과 더불어 짙은색 보석이 박힌 아름다운 금반지를 선물로 주었다. 여관에 모였던 사람들은 모두 셈도사의 지혜로움에 존경을 표했다.

06

수로 심판받다

비지에르 말루프를 방문한 베레미즈와 하낙. 셈도사는 대규모 낙타의
수를 한눈에 헤아리는 독창적인 방식을 보여줌으로써 대수학
(calculus)의 경이로움을 믿지 않는 한 시인을 깨우쳐준다.

하루 중 두 번째 기도가 끝난 후 우리는 황금거위 여관을 떠나 서둘러 왕의 대신인 비지에르 이브라힘 말루프의 집으로 갔다. 그의 저택에 들어서는 순간 나는 놀라움을 감출 수 없었다.

우리는 육중한 철제 대문을 지나 좁은 회랑을 따라 들어가는데 손목에 황금 팔찌를 두른 몸집이 거대한 흑인 노예가 나와서 호화로운 궁전의 안뜰로 인도했다. 오렌지 나무를 두 줄로 심은 정원은 주인의 심미안이 돋보이게 설계되어 있었다. 정원 쪽으로는 문이 여러 개 나 있었다. 그중에는 규방으로 통하는 문도 분명 있었을 것이다. 그때 화단에서 꽃을 꺾고 있던 이교도 노예 두 명이 기둥 뒤로 사라지는 것이 보였다. 우리는 아름답게 가꾼, 높이 솟은 정원 담장에 나 있던 좁은 문을 통과한 다음 테라스 쪽으로 건너갔다. 테라스에는 화려한 타일이 깔려 있고 한가운데는 분수가 있는데 포물선을 그리며 떨어지는 세 개의 물기둥이 햇빛을 받아 반짝이고 있었다.

우리는 테라스를 뒤로 하고 금팔찌를 한 노예를 따라 계속 궁전 안으로 들어갔다. 각양각색의 방들은 모두 호화로운 가구로 꾸며졌고 가장자리에 은술이 달린 테피스트리가 걸려 있었다. 마침내 대신이 거처하는 방에 도달했다. 그는 큼직한 방석에 기댄 채 친구 두 명과 담소를 나누고 있었다.

그중 한 명은 우리가 사막을 여행하면서 우연히 마주쳤던 살렘 나사이르였다. 또 한 사람은 몸집이 작고 둥근 얼굴이었는데 차림새가 훌륭했다. 수염이 희끗희끗한 그는 온화한 표정을 짓고 있었다. 목에 직사각형 메달을 하나 걸고 있었는데 절반은 황금빛을 띤 노란색이었고 나머지 절반은 청동빛이 도는 짙은색이었다.

비지에르 말루프는 얼굴에 반가운 기색을 역력히 보이며 우리를 맞이했다. 그는 메달을 걸고 있던 사람에게 미소를 지으며 말했다.

"보시게 시인, 이 사람이 바로 우리가 만났던 뛰어난 셈도사일세. 함께 온 젊은이는 바그다드 사람으로 알라신의 품속에서 헤매다 우연히 만나게 되었다네."

우리는 나사이르에게 정중히 인사를 올렸다. 나중에 알게 된 일이지만 함께 있던 사람은 유명한 시인 압둘 하지미드로, 칼리프 알 무스타심과는 가까운 친구 사이였다. 그가 걸고 있던 특이한 메달은 카프, 램, 아얀(kaf, lam, ayn: 아랍어에 자주 나오는 철자—옮긴이) 같은 글자를 한 번도 사용하지 않고 30,200행에 달하는 시를 지은 것에 대한 상으로 칼리프가 손수 하사한 물건이었다.

"이보시게 말루프. 나는 페르시아에서 온 이 셈도사가 지닌 놀라운 재능에 대해 믿기 어려운 점이 있다네."

시인이 웃으며 말했다.

"숫자를 조합하다 보면 대수학의 미묘한 점이라고 할 수 있는 속임수 같은 것이 생길 수 있지. 한번은 한 현자가 모다드의 아들 엘 하리트 왕의 대전에 나타나서 모래로 운명을 점칠 수 있다고 했다네. 왕이 그 현자에게 '계산을 정확히 할 수 있는가?'라고 물었어. 갑작스러운 질문을 받은 그가 진정하기도 전에 왕은 고개를 끄덕이며 '계산을 정확히 할 수 없다면 그대의 예언은 아무런 가치도 없는 것이오. 그러나 계산을 통해서만 예언을 할 수 있다면 그것 또한 믿을 수 없지.' 나는 인도에 머물면서 '계산은 일곱 번 의심하고 수학자는 100번을 의심하라'는 금언을 배웠다네."

그러자 비지에르가 한 가지 제안을 했다.

"그렇다면 그런 의심을 없애고 확신할 수 있도록 여기 오신 손님에게 시험을 치르게 해보면 어떨까?"

비지에르는 이렇게 말하면서 자리에서 일어났다. 그리고 베레미즈의 팔을 가볍게 잡고 궁전에 있는 한 테라스로 데려가더니 안뜰로 통하는 여닫이 창문을 열었다. 안뜰에는 거의 대부분 훌륭한 혈통에 속하는 품질이 뛰어난 낙타들로 가득했다. 흰색 낙타 두세 마리는 몽고 산이었고, 투명한 피부색을 한 카레스도 몇 마리 눈에 띄었다.

"여기 있는 질 좋은 낙타들은 내 약혼녀의 아버님께 선물로 보내려고 어제 사들인 것이지. 물론 나는 저것들이 정확히 몇 마리인지 알고 있다네. 몇 마리인지 말해보겠나?"

비지에르가 물었다.

비지에르는 또 시험을 좀더 흥미롭게 만들기 위해 시인에게는 몇 마리인지 작은 소리로 일러주었다. 나는 깜짝 놀랐다. 쉬지 않고 움직이는 수많은 낙타. 만약 내 친구가 실수를 한다면 그곳을 방문한 자체가 엄청난 재앙이 될 터였다.

그러나 베레미즈는 이리 뛰고 저리 뛰는 낙타 떼를 한번 휙 둘러본 다음 대답했다.

"제 계산에 의하면 이 뜰에 있는 낙타는 모두 이백오십칠 마리이옵니다."

"정확하군! 바로 맞혔어! 이백오십칠 마리일세."

비지에르가 탄성을 질렀다.

"어떻게 그렇게 빠른 시간에 정확하게 셀 수 있는가?"

옆에 있던 시인이 신기하다는 듯이 물었다.

"간단합니다. 낙타를 한 마리씩 세는 것은 제겐 재미없는 일입니다. 그래서 이런 방법으로 계산을 했습니다. 먼저 낙타들의 발을 센 다음 귀를 셉니다. 그러면 도합 1,541이 되지요. 거기다 1을 더한 다음 6으로 나누면 몫이 정확히 257이 나옵니다."

"굉장하군!" 비지에르는 탄성을 울리며 기뻐했다.

"이 얼마나 독창적인가! 누가 재미로 발굽과 귀를 센다는 상상이라도 하겠는가?"

"비지에르님, 계산은 계산하는 사람이 부주의하거나 무능해서 어렵게 느껴지는 경우가 있다고 말씀드리고 싶습니다. 코이에서 한번은 주인님의 양떼를 지키고 있는데 나비 한 무리가 지나갔습니다. 다른 목동이 절더러 날아가는 나비를 셀 수 있냐고 물었지요. 저는 '팔백오십육' 마리라고 대답했습니다. 그러자 목동은 과장된 숫자라는 것을 알았던 것처럼 '팔백-오십-육-마리라고?' 하며 놀라 소리쳤습니다. 그때서야 저는 제가 나비의 수를 센 것이 아니라 날개를 세었다는 것을 깨달았고 그것을 둘로 나눠서 정확한 답을 얻을 수 있었습니다."

비지에르는 그 이야기를 듣고 박장대소했다. 그 웃음소리가 내 귀에는 달콤한 음악소리처럼 들렸다.

"그런데 여기서 내가 이해할 수 없는 점이 하나 있는데."

시인이 매우 심각하게 말했다.

"다리 넷과 귀 둘을 합한 다음 6으로 나누면 전체 낙타의 수가 나온다는 것은 이해가 가지만 나누기 전에 전체 1,541에 왜 1을 더하는지 이해할 수 없구만."

"그건 아주 간단합니다. 귀를 셀 때 그중 한 마리에 결함이 있는 것이 눈에 띄었습니다. 한쪽 귀가 없었지요. 그래서 합계를 맞추기 위해 1을 더했습니다."

그러고 나서 그는 비지에르에게 물었다.

"비지에르 나으리. 외람된 질문인지 모르오나 약혼녀의 나이가 어떻게 되옵니까?"

비지에르가 웃으며 대답했다.

"괜찮네, 아스티르는 열여섯일세."

그러고 나서 그는 미심쩍은 듯 말을 이었다.

"그런데 장래의 장인어른께 드리려고 하는 선물과 약혼녀의 나이가 무슨 상관이 있지? 이해가 안 가는군."

"저는 다만 사소한 제안을 하나 하고자 할 뿐입니다. 결함이 있는 낙타를 빼면 낙타가 모두 256마리가 됩니다. 16의 제곱, 즉 16의 16배가 되는 거지요. 그렇게 되면 사랑스러운 아스티르님의 부친께 보내드릴 선물의 수가 수학적으로 완벽한 수가 됩니다. 낙타의 수가 약혼녀의 나이를 제곱한 것과 같아지는 것이지요. 또 257은 소수이지만 256은 정확히 2의 배수입니다. 고대인들은 2를 상징적인 수로 여겼습니다. 따라서 제곱 관계에 있는 수는 사랑하는 사람들에게는 길조를 의미합니다. 제곱수에 대한 흥미로운 전설이 있는데 들어보시겠습니까?"

"물론이지. 유익한 이야기를 재미있게 하면 듣기가 좋지. 나는 언제나 그런 이야기를 듣고 싶어 한다네."

칭찬을 들은 셈도사는 정중히 고개를 숙인 다음 이야기를 시작했다.

"솔로몬 왕이 약혼녀였던 시바의 여왕, 아름다운 벨키스에게 자신의 지혜와 정중함에 대한 증거로 529개의 진주가 들어 있는 상자를 선물했던 일에 관한 이야기입니다. 왜 529개일까요? 529는 23의 제곱인 수이기 때문입니다. 즉 23 곱하기 23은 529가 된다는 말입니다. 그리고 23은 여왕의 나이였습니다. 그래서 어린 아스티르님의 경우에는 256이 529보다 더 의미 있는 숫자가 되는 것입니다."

그 자리에 있던 사람들은 모두 감탄 어린 눈으로 셈도사를 바라보았다. 그는 침착하게 이야기를 계속했다.

"256의 각 자리 수를 더하면 13이 됩니다. 그리고 13의 제곱은 169가 되지요. 169의 각 자리 수를 더해도 또 16이 되지요. 결과적으로 13과 16 사이에 재미있는 관계가 생겨나는데 우리는 그것을 숫자 사이의 우정이라고 부를 수 있을 것입니다. 숫자들이 말을 한다면 이런 대화를 나눌 것입니다. 16이 13에게 '우리가 친구가 된 것에 경의를 표하고 싶네. 나의 제곱은 256이고 각 자리 수의 합은 13이 아닌가' 그러면 13은 이렇게 대답할 것입니다. '그렇게 좋게 말해주니 고맙네. 나도 같은 말을 해주고 싶어. 나의 제곱은 169이고 각 자리 수의 합은 16이 되니까.' 이제 257에 비해 256이 훨씬 의미심장한 수라는 것을 사실을 충분히 납득되실 만큼 설명을 드렸다고 생각합니다."

"자네의 생각은 정말 탁월한 것일세. 위대한 솔로몬 왕의 흉내를 낸다는 비난을 받는다 해도 자네 말대로 해야겠네."

그러고 나서 비지에르가 시인에게 말했다.

"이 사람이 이야기를 꾸미고 비유를 찾아내는 능력이 그의 산수능력에 결코 뒤지지 않는다는 사실을 알았네. 그를 내 서기로 결정한 것이 정말 잘한 것 같으이."

"현명하신 비지에르 나으리, 감히 한 말씀 아뢰겠습니다. 제 친구 하낙 타드 마이아에게도 일자리를 만들어주심이 어떠하실는지요. 외람된 말씀이오나 그렇게 될 수 없다면 나으리의 칭을 받아늘일 수가 없겠습니다. 그는 지금 일자리도 없고 돈도 없습니다."

나는 도량이 넓은 셈도사의 말에 놀라면서 한편으로는 기뻤다. 그는 그런 식으로 나도 지체 높은 비지에르의 보호를 받을 수 있는 방법을 찾았던 것이다.

"자네의 청은 일리가 있네. 자네의 친구는 필경직을 맡아 그에 준하는 봉급을 받게 될 것일세."

나는 선뜻 그 제의를 받아들이고 비지에르와 착한 베레미즈에게 고마움을 표시했다.

07

시장에서

시장에 갔던 일. 4×4에 얽힌 이야기와 50디나르에 관한 문제를 풀고
베레미즈는 아름다운 파란색 터번을 선물받는다.

며칠 후, 비지에르의 궁전에서 하루 일과를 마치고 바그다드의 정원과 시장을 구경하기 위해 산책을 나갔다. 그날 오후 시내에는 보기 드물게 활발한 거래가 이루어지고 있었다. 불과 몇 시간 전에 다마스커스에서 부유한 대상행렬이 도착했던 것이다. 대상행렬이 들어오는 것은 언제나 커다란 행사였다. 그들을 통해 타국에서 생산되는 물건과 외국인 상인들을 접할 수 있었다. 시내는 평소와 달리 활기차고 생기가 넘쳤다.

　신빌 기게에는 테라스와 창고마다 새로 들여온 물건들을 담은 자루와 상자들이 꽉 차 있어 들어갈 엄두조차 낼 수 없었다. 다마스커스에서 온 외국 상인들은 다양한 색의 커다란 터번을 쓰고 허리춤에 무기를 자랑스레 차고는 가판대를 무심히 바라보며 시장을 어슬렁어슬렁 돌아다니고 있었다. 향내와 키프(담배의 일종—옮긴이) 냄새가 양념 냄새와 뒤범벅되어 코를 찔렀다. 야채 장수들 사이에서는 말다툼이 거의 육박전으로 넘어가면서 서로 심한 욕설을 퍼부어 댔다. 모술 출신의 한 젊은이가 물건이 든 자루 위에 앉아 기타를 치며 슬픈 노래를 읊고 있었다.

사람들이 싫건 좋건 최선을 다해
소박하게 살아간다면
인간의 삶에 문제될 게 무엇이 있을까.
여기서 내 노래를 마치려 하네.

상점 주인들은 가게 문 앞에 서서 큰소리로 물건을 팔고 있었다. 그들은 아랍인의 풍부한 상상력을 동원하여 저마다 한껏 부풀려 물건을 자랑했다.

"이 옷감 좀 보시오! 에미르께서 쓰는 물건이오!"

"여러분! 여기 아내의 사랑이 생각나는 달콤한 향수가 있어요!"

"나으리, 여기 지니들이 천사에게 권해주는 신발과 아름다운 카프탄(셔츠 모양의 긴 상의—옮긴이)을 보시오!"

베레미즈는 꼽추인 시리아인 가게 주인이 4디나르씩에 팔고 있던 우아하고 밝은 파란색 터번에 관심을 보였다. 그 상점은 안에 있는 물건뿐

아니라 상점 자체가 아주 특이했다. 터번, 상자, 단도, 팔찌 등이 모두 4디나르씩이었다. 상점 간판에는 눈에 확 띄는 글씨로 다음과 같이 적혀 있었다.

4가 넷

나는 베레미즈가 터번을 사고 싶어 하는 것을 보고 말렸다.

"내가 보기에 그런 사치는 미친 짓 같아. 남은 돈도 얼마 없는 데다 숙박비도 아직 못 내고 있잖아."

"내가 관심 있는 것은 터번이 아니라네. 이 상점의 이름이 '4가 넷'이라는 것을 알고 있었나? 특이하지만 아주 중요한 사실을 우연히 마주치게 된 것이지."

"우연히라니, 왜?"

"이 상점 이름은 수학의 신비 가운데 하나를 생각나게 하지. 4가 네개만 있으면 어떤 숫자도 만들 수 있다네."

그 신비가 어떤 것인지 물어보기도 전에 베레미즈는 바닥에 흩어져 있던 고운 모래 위에 써가면서 설명을 했다.

"0을 만들고 싶은가? 그보다 간단한 게 없지. 이렇게 써볼까?"

$$44 - 44$$

네 개의 4로 제로 값을 얻었다.

"그럼 1은 어떨까? 가장 쉬운 방법이 여기 있어."

$$\frac{44}{44}$$

이 분수식은 44 나누기 44의 몫 1을 나타낸다.

"숫자 2가 어떻게 만들어지는지 보고 싶은가? 네 개의 4를 이용해서 쉽게 만들 수 있어. 자, 보게."

$$\frac{4}{4} + \frac{4}{4}$$

"두 분수식의 합은 정확히 2가 되잖아. 더 쉽게 할 수도 있어. 식을 이렇게 써볼까?"

$$\frac{4+4+4}{4}$$

"분자를 더하면 12가 되고 그것을 4로 나누면 3이 되지. 그러므로 3도 역시 네 개의 4로 만들 수 있지."

"그러면 4는 어떻게 만들 텐가?" 내가 물었다.

"그것보다 쉬운 것도 없어. 4를 만드는 방법은 여러 가지가 있지. 그 중 하나를 볼까?"

$$4 + \frac{4 - 4}{4}$$

"자네도 보다시피 오른쪽은 0이 되니까 합치면 4가 되는 거야. 이 식은 4 + 0, 즉 4가 되는 거지."

나는 시리아인 상점 주인이 베레미즈가 설명하는 것을 유심히 듣고 있는 것을 보았다. 그는 네 개의 4를 조합하는 것에 매료된 것 같았다.

베레미즈는 계속했다.

"자, 그럼 숫자 5를 얻고 싶다면. 그것도 문제 없지. 이렇게 하면 돼."

$$\frac{(4 \times 4) + 4}{4}$$

"이 분수식은 20 나누기 4의 몫이 5가 되는 것을 보여주네. 이렇게 해서 네 개의 4로 5가 되는 것을 알 수 있지. 이제 6으로 가볼까. 이것은 가장 우아한 식이라네."

$$\frac{4 + 4}{4} + 4$$

"이것을 약간만 고치면 7이 되는 식이 나오지."

$$\frac{44}{4} - 4$$

"네 개의 4로 8을 만드는 것도 쉽지."

$$4 + 4 + 4 - 4$$

"9도 재미있어."

$$4 + 4 + \frac{4}{4}$$

"자 그럼 이제 네 개의 4로 10을 만드는 멋진 식을 하나 보여줄까?"

$$\frac{(44 - 4)}{4}$$

바로 그때 존경하는 눈빛으로 베레미즈의 설명을 묵묵히 듣던 곱사등이 상점 주인이 끼어들었다.

"제가 들은 것으로 미루어볼 때 저 신사분은 뛰어난 수학자가 틀림없습니다. 만약 저분이 제가 2년 전에 우연히 마주쳤던 수학문제의 수수께끼를 풀어주신다면 원하시는 파란색 터번을 드리겠습니다."

상점 주인의 이야기는 이랬다.

"제가 100디나르를 빌려준 적이 있었습니다. 메디나인 족장에게 50디나르. 카이로에서 온 상인에게 나머지 50디나르를 빌려주었지요. 족장은 빚을 20, 15, 10, 그리고 5디나르씩 네 번에 나누어서 갚았어요. 말하자면 이렇습니다.

지불액	20	잔액	30
	15		15
	10		5
	5		0
합계	50		50

"잘 보십시오. 지불한 돈의 합계와 잔액의 합계가 모두 50이었습니다. 카이로에서 온 상인은 50디나르의 빚을 다음과 같이 네 번에 나누어서 갚았지요."

지불액	20	잔액	30
	18		12
	3		9
	9		0
합계	50		51

"잘 보십시오. 위의 경우처럼 처음의 합계는 50인데 다른 합계는 51

입니다. 이런 일은 분명 일어날 수 없는 일이지요. 두 번째 식에서 차액 1을 어떻게 설명해야 할지 모르겠어요. 제가 속임수를 쓴 건 결코 아닙니다. 저는 빌려준 돈을 다 받았으니까요. 그렇지만 두 번째 경우의 51과 처음의 50 사이의 차이를 어떻게 설명할 수 있을까요?"

상점 주인의 이야기를 들은 베레미즈는 곧 설명을 했다.

"보시오. 그것은 단 몇 마디로 설명할 수 있습니다. 잔액은 전체 빚과는 아무 상관이 없어요. 50디나르의 빚을 세 번에 걸쳐 갚았다고 가정하고 처음에 10디나르, 두 번째에 5디나르, 그리고 세 번째에 35디나르를 갚았다면 어떨까요? 잔액의 합계를 계산하면 이렇게 나오지요.

지불액	10	잔액	40
	5		35
	35		0
합계	50		75

이 예를 보면 처음의 합계는 50이지만 잔액 합계는 보다시피 75가 되지 않습니까? 80이 될 수도 있고 99, 100, 260, 800 아니 어떤 수도 될 수 있지요. 잔액이 족장의 경우처럼 정확히 50이 되거나 상인의 경우처럼 51이 되는 것은 단지 우연일 뿐이에요."

상점 주인은 베레미즈의 설명을 이해하고는 흡족해했다. 그리고 약
속한 대로 4디나르짜리 파란색 터번을 셈도사에게 주었다.

08

7대 불가사의

기하학의 숨겨진 아름다움에 대해 열변을 토하는 베레미즈는 21개의 포도
주통에 얽힌 문제를 해결하고 사라진 1디나르를 찾아준다.

　　시리아 상인에게 멋진 선물을 받은 베레미즈는 매우 흡족했다. 그는 터번을 요모조모 살펴보며 말했다.

　"정말 잘 만들었어. 그런데 쉽게 해결할 수 있는 결함이 하나 있군. 형태가 기하학적으로 완벽하지 않아."

　기가 막혔다. 창의력이 풍부한 그 사내는 가장 평범한 물건, 심지어 터번까지도 기하학적 수준으로 끌어올릴 수 있었다.

　"터번이 기하학적 형태를 취해야 한다고 해서 놀라지 말게. 기하학적 형태는 어디서든 찾을 수 있어. 평범하지만 완벽한 형태를 지니고 있는 많은 물체들을 생각해 보게. 꽃, 잎사귀 그리고 셀 수 없이 많은 동물들이 놀라운 대칭을 이루면서 우리의 영혼을 밝혀주고 있지. 다시 말하지만 기하학은 모든 곳에 존재한다네. 접시 모양의 태양에서부터 잎사귀,

무지개, 나비, 다이아몬드, 불가사리, 심지어 아주 작은 모래알에서도 기하학적 형태를 찾을 수 있어. 자연을 통틀어 보면 다양한 기하학적 형태가 셀 수 없이 많지. 공중을 유유히 날고 있는 까마귀의 잿빛 몸으로도 경이로운 형태를 만들어낸다네. 낙타의 혈관을 따라 도는 혈액도 엄격한 기하학적 원칙을 따르고 있지. 포유류 가운데서 유일하게 찾아볼 수 있는 낙타 등의 혹은 단순 타원형을 보여주고, 자칼의 공격을 받고서 던진 돌은 공중에서 포물선이라는 완벽한 곡선을 그리지. 벌은 육각형 프리즘 형태의 방을 만들고 가장 경제적으로 재료를 사용하여 집을 짓는다네."

"기하학은 모든 곳에 존재해. 그러나 그것을 보는 눈과 이해하는 지적 능력, 또 그것을 보고 감탄할 수 있는 영혼이 있어야 한다네. 야만스러운 베두인들은 기하학적 형태를 볼 수는 있지만 이해하진 못하지. 수니족은 이해는 하지만 가치를 존중할 줄 모른다네. 마지막으로 예술가들은 완벽한 기하학적 형태를 지각하고 아름다움을 이해하며 그것이 만들어내는 질서와 조화를 찬양한다네. 신은 위대한 기하학자였어. 그 분은 하늘과 땅을 기하학적으로 만드셨지. 페르시아에는 식물이 하나 있는데 그 식물의 대부분이 낙타와 양의 먹이로 쓰이고 그 씨는……."

베레미즈는 기하학의 숨겨진 수많은 아름다움에 관해 그런 식으로 열변을 토하며 상인들의 거리에서 승리의 다리까지 먼지가 풀풀 이는 긴 거리를 걸어갔다. 나는 그가 알려주는 흥미로운 사실에 매료되어 묵묵히 따라 걸었다.

낙타 몰이꾼의 쉼터로도 알려진 무아젠 광장을 건너가니 '일곱 가지 슬픔'이라는 멋진 여관이 눈에 들어왔다. 더운 날씨 탓에 베두인족과 다마스커스와 모술에서 온 여행자들이 많이 찾는 곳이었다. 여관 안뜰에 있는 테라스가 일품이었다. 여름에는 그늘이 많고 사면의 벽들은 리비아의 산에서 옮겨 온 각양각색의 식물들로 덮여 있었다.

베두인족들이 낙타를 매어둔 오래 된 나무간판에는 '일곱 가지 슬픔의 여관'이라 적혀 있었다.

"일곱 가지 슬픔이라……" 베레미즈가 중얼거렸다.

"이상한데! 자네 혹시 이 여관 주인을 알고 있나?"

"잘 알지. 트리폴리 사람인데 예전에 밧줄 장사를 했다네. 그 사람 부친은 칼리프 퀘르반의 신하였지. 사람들은 그를 트리폴리 사람이라고 부른다네. 단순하고 개방적인 성격 때문에 평판이 좋아. 착하고 친절한 사람이야. 사람들 말로는 그가 유급 군사들과 대상 일행을 이끌고 수단에 갔다 오는 길에 아프리카 흑인 노예 다섯 명을 데리고 왔다네. 그런데 그를 섬기는 그 노예들의 충성심이 대단한가 봐. 그 후로 밧줄 장사를 그만두고 다섯 노예의 도움을 받아 이 여관을 차렸다지 아마?"

"노예와는 상관 없이 이 트리폴리 사람은 지극히 창의적인 사람임이 틀림없어. 여관 이름에 7이 들어 있어. 7은 이슬람교도나 기독교도, 유대인이나 우상 숭배자, 이교도들 모두에게 신성한 숫자가 아닌가. 그리고 3은 신성을, 4는 물질세계를 상징하지. 그런 관계로 인해 합이 7이 되는 수들 사이에 이상한 연관성이 생기게 된다네.

지옥에는 7개의 문이 있고
한 주에는 7일이 있지.
그리스에는 7명의 현자가 있고
지구상에는 7개의 바다가 있어.
태양계의 행성이 7개이고(과학적 사실과 약간의 차이가 있음. 1781년에 7번째 행성 천왕성이 발견되었음. — 옮긴이)
이 세상에는 7대 불가사의가 있지 않은가.

셈도사가 이 성스러운 숫자에 관해 이상하면서도 설득력 있는 관찰을 계속하고 있는데 여관 문 앞에서 살렘 나사이르가 들어 오라고 손짓하는 것이 보였다.

우리가 가까이 다가가자 그는 웃으며 우리를 맞았다.

"오 셈도사, 이런 순간에 그대를 만나다니 얼마나 다행인지 모르겠소. 당신들이 여기에 온 것은 나뿐 아니라 이 여관에 묵고 있는 세 친구들을 위해서도 신이 보낸 선물이오."

그는 세 친구를 동정하면서도 깊은 관심을 보이며 말을 이었다.

"어서 들어와요, 어서! 이번에는 아주 어려운 문제라오."

그늘지고 눅눅한 복도를 지나 밝고 환한 안뜰로 우리를 안내했다. 안뜰에는 둥근 탁자가 대여섯 개 놓여 있었는데 그중 한 탁자에 여행자 세명이 앉아 있었다.

살렘과 셈도사가 가까이 다가가자 그들은 머리를 들고 인사를 했다. 그들 중 한 명은 아주 젊어보였다. 마르고 키가 큰 그 젊은이는 눈이 맑고 투명했으며 흰색 테두리를 두른 밝은 노란색의 터번을 쓰고 있었다. 흰색 테두리에는 무척 아름다운 에메랄드가 박혀 있었다. 다른 두 사람은 살집이 있고 어깨가 떡 벌어진 데다 피부색이 검은 아프리카의 베두인족이었다. 입고 있는 옷과 외모만으로도 그들은 확연히 구별되었다. 그들은 심각한 토론을 벌이고 있는 중이었다. 해결책을 찾기 힘들어 난감해하는 몸짓을 하면서 이야기하는 것으로 보아 아주 곤혹스러운 문제인 듯했다.

살렘이 세 사람에게 우리를 소개했다.

"여기 촉망받는 수학의 대가가 왔습니다."

그리고 베레미즈에게 상황을 설명했다.

"여기 있는 세 사람은 내 친구인데 다마스커스에서 온 양을 기르는 목축업자들이라오. 그런데 이들이 지금 몹시 어려운 문제에 봉착했습니다. 문제가 무엇인고 하니, 이들이 이곳 바그다드에서 양 몇 마리를 팔아 그 대가로 품질이 뛰어난 포도주를 받았는데 똑같이 생긴 통으로 21통을 받았지요.

가득 찬 통 7
반만 들어 있는 통 7
빈 통 7

그런데 지금 똑같이 생긴 통에 똑같은 양을 가지고 갈 수 있도록 포도주를 나누려고 한다오. 통을 나누는 것은 쉽지. 각각 일곱 개씩 가지면 되니까. 그런데 문제는 통을 열지 않고 있는 그대로 둔 채로 와인을 나누겠다는 것이오. 산수 박사인 당신이야말로 만족할 만한 대답을 찾을 수 있지 않겠습니까?"

베레미즈는 2, 3분 동안 골똘히 생각하더니 대답했다.

"21개의 통을 나누는 것은 별로 복잡하지 않게 할 수 있습니다. 가장 간단한 방법을 알려드리지요. 첫 번째 사람은

가득 찬 통 3
반만 들어 있는 통 1
빈 통 3

을 받을 것입니다. 두 번째 사람은 합계 일곱 개의 통 가운데서

　　가득 찬 통 2
　　반만 들어 있는 통 3
　　빈 통 2

를 받게 되고 세 번째 사람도 둘째와 같은 방식으로 일곱 개의 통을 받을 겁니다. 저의 나눗셈에 따르면 각각 통 일곱 개와 같은 양의 포도주를 받게 되는 것이지요. 예를 들어 가득 찬 통에 2만큼 들어간다고 합시다. 그러면 반만 차 있는 통에는 1이 들어가겠지요. 나누는 식을 보면 첫 번째 사람은

$$2 + 2 + 2 + 1$$

을 받아 합계 7이 되고 나머지 사람들은 각각

$$2 + 2 + 1 + 1 + 1$$

을 가져가서 합이 7이 되는 겁니다. 이것으로 제가 제안한 방식이 정확하고 확실하다는 것을 증명해 보였습니다. 문제가 복잡해 보이긴 하지만 숫자로 해결하면 전혀 어려움이 없지요."

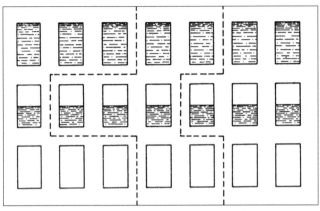

이 그림은 가장 간단한 형태로 21개의 포도주 통을 분배하는 문제의 해답을 보여준다.

그의 풀이는 살렘뿐 아니라 세 사람의 다마스커스 사람들까지도 탄복시켰다.

에메럴드가 박힌 터번을 쓰고 있던 젊은이가 "오 알라신이시여!" 하며 감탄했다.

"이 산수 박사는 정말 놀랍군요! 우리에게는 그토록 어려웠던 문제를 순식간에 해결해 버리다니."

그러고는 여관 주인을 향해 친절하게 물었다.

"이보게 트리폴리 양반, 우리 테이블에서 쓴 돈이 얼마인가?"

"음식값까지 합쳐서 모두 30디나르입니다."

살렘 나사이르가 돈을 지불하려 했으나 다마스커스에서 온 사람들이 말렸다. 서로 옥신각신하며 서로를 추어올리는 말이 오고가더니 결국 손님인 살렘 나사이르는 한푼도 내지 않고 나머지 사람들이 각각 10디나르씩 내기로 했다. 30디나르가 수단인 노예의 손을 거쳐 여관 주인에게 돌아갔다. 잠시 후 노예가 다시 돌아와서 말했다.

"주인님께서 말씀하시기를 실수가 있었답니다. 청구액은 25디나르였으니 나머지 5디나르를 돌려드리라고 하셨습니다."

"그 트리폴리 사람은 매우 정직하군요."

살렘 나사이르가 한마디 했다. 그리고 동전 다섯 개를 받아 세 사람에게 한 개씩 나누어주고 나니 두 개가 남았다. 살렘은 다마스커스에서 온 사람들과 서로 눈짓을 주고받은 다음 남은 동전 두 개를 음식 시중을 들던 수단인 노예에게 수고비로 주었다.

그때 에메랄드가 박힌 터번을 쓰고 있던 젊은이가 일어나더니 동료들을 심각하게 바라보며 말했다.

"30디나르를 지불하는 바람에 심각한 문제가 생겼습니다."

"문제라니요?" 살렘이 놀라며 물었다.

"그래요. 심각할 뿐 아니라 바보 같은 문제지요. 1디나르가 사라져버렸어요. 생각해 보세요. 우리는 각각 9디나르를 지불했으니까 3 곱하기 9 하면 27이지요. 이 27디나르에 살렘이 노예에게 준 2디나르를 합치면 29

디나르가 되지 않습니까? 여관 주인인 트리폴리 사람에게 지불한 30디나르 중에서 남은 것은 29디나르밖에 되질 않아요. 그렇다면 나머지 1디나르는 어디 있죠? 어디로 사라진 걸까요?"

살렘 나사이르는 잠깐 생각에 잠겼다.

"자네 말이 맞아. 확실히 그런 걸. 자네들 각자가 9디나르를 냈고 노예가 2디나르를 받았으니 합계가 29디나르가 맞아. 그럼 원래 있던 30디나르 가운데 1디나르가 사라져버린 것이 아닌가. 어찌 된 거지?"

바로 그때 아무 말 없이 잠자코 있던 베레미즈가 나섰다.

"나으리께서 잘못 생각하신 것입니다. 계산을 그런 식으로 하시면 안 되지요. 트리폴리 사람이 음식값으로 요구한 30디나르 가운데 25디나르는 그 사람에게 갔지요. 3디나르는 되돌려받았고 2디나르는 수단인 노예에게 팁으로 주지 않았습니까? 없어진 것은 전혀 없고 계산도 전혀 문제가 없습니다. 여러분이 지불한 27디나르 중에서 주인이 25디나르를 받았고 노예가 2디나르를 받은 것이지요."

다마스커스에서 온 사람들은 베레미즈의 설명을 듣고 파안대소했다. 그중에 가장 나이 든 사람이 간탄하며 말했다.

"이 산수 박사는 사라진 디나르에 관한 수수께끼를 풀어주고 여관의 명예를 찾아주었네. 알라신께 감사를!"

09

별자리로 정해진 운명

베레미즈를 찾아온 시크 이에지드는 기묘한 운명에 처한 자신의 어린
딸에게 수학을 가르쳐 달라고 부탁한다. 아름다운 소녀에게 내려진
점성가의 예언은 어떻게 될까?

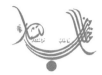

무하람(이슬람력의 첫 번째 달 — 옮긴이)의 마지막 날 해질 무렵 명망 높은 이에지드 아불 하미드가 여관으로 우리를 찾아왔다.

"나으리, 또 무슨 문제가 생기셨는지요?"

베레미즈가 미소를 띠며 물었다.

"자네 벌써 눈치를 챘구먼. 내가 아주 심각한 어려움에 처해 있다네. 내게 텔라심이라는 딸이 하나 있는데 머리가 비상하고 공부에 열의가 있는 아이지. 텔라심이 태어나던 때 아는 유명한 점성가가 그 아이의 운명을 점쳐주었지. 그 사람은 구름과 별을 보고 미래를 점치는 법을 아는 사람이거든. 그는 내 딸이 열여덟 살이 될 때까지는 행복하게 잘 자라겠지만 그 이후로는 계속 비참한 불행을 겪을 것이라고 했어. 딸 아이에게 심각한 불행이 닥치는 것을 막을 수 있는 방법이 있긴 한데 반드시 수와 수에 관련된 것을 많이 익혀야 한다는 거야. 하지만 수와 계산에 통달하려면 알콰리즈미의 학문, 즉 수학을 알아야 하는 것이 필수가 아닌가. 그래서 나는 딸아이의 앞날이 행복할 수 있도록 대수와 기하의 신비를 가르치려고 마음먹게 되었지."

인자한 시인 이에지드는 잠시 말을 중단했다가 다시 계속했다.

"그래서 궁정의 여러 학자들에게 수소문해 보았지만 열일곱 살 난 처녀에게 기하를 가르칠 수 있는 사람을 찾을 수 없었다네. 그중에서 학문에 천부적인 자질을 가진 한 사람은 내게 이런 식으로 충고하며 그만두라고 하더군. '기린에게 노래를 가르치려 하시오? 기린의 성대로는 어떤 소리도 낼 수가 없소이다. 엄청난 시간 낭비요, 헛수고일 것이외다. 기린은 절대로 노래를 할 수 없으니까 말이오. 여자의 두뇌로는 기하학의 기본 원칙도 이해할 수 없어요. 특별한 이 학문의 기본은 이성과 방정식(equation)을 활용하고 논리와 비례(proportion)의 도움을 빌어 명백한 원칙을 적용하는 것이오. 규방에 갇혀 지내는 처녀가 어떻게 대수공식(algebraic formula)과 기하학 이론을 배울 수 있겠소? 절대 안 되지! 여자가 수학을 배우는 것보다는 돌고래가 메카로 순례여행을 가는 것이 더 쉬울 것이오. 어찌하여 불가능한 일을 하려고 하시오? 불행이 닥치면 알라신의 이름을 받들어 그대로 받아들여야지요.'"

이에지드는 심각한 표정으로 자리에서 일어나 서성거리다가 더욱 침통하게 말을 이었다.

"이 말을 듣고 너무 낙심하여 영혼이 타 들어들어갈 지경이라네. 그런데 하루는 절친한 친구 살렘 나사이르를 찾아갔다가 페르시아에서 뛰어난 수학자가 바그다드에 와 있다는 소문을 듣게 되었지. 빵 여덟 덩어리에 관한 이야기를 상세히 듣고 깊은 감명을 받았다네. 그래서 나는 그 수학자를 찾아 나섰고 그 사람을 만나려고 일부러 비지에르 말루프 댁까지 갔던 것이라네. 나는 그 수학자가 낙타 257마리에 관한 문제를 독창적인 방식으로 해결하고 마지막에는 256마리로 줄이는 것까지 보고 너무 놀랐지. 기억하는가?"

시크 이에지드는 고개를 들고 엄숙한 표정으로 셈도사를 바라보며 말을 이었다.

"아랍인 형제여! 내 딸 텔라심에게 그 천재적인 계산법을 가르쳐줄 수 있겠는가? 대가는 원하는 대로 주겠네. 그리고 비지에르 말루프의 서기 일은 계속할 수도 있고."

"너그러우신 나으리." 베리미즈가 바로 대답을 했다.

"귀하신 어른의 부탁을 거절할 이유가 전혀 없습니다. 몇 달 후면 따님께서 대수의 용법과 기하학의 비밀을 깨우치게 되실 것입니다. 철학자들은 여성들의 지적 능력에 대해 이중의 실수를 범하고 있지요. 제대로 가르침을 받은 여성이라면 그 지적 능력으로 과학의 아름다움과 비밀을 완벽하게 소화할 수 있습니다. 그 고매하신 학자의 생각이 올바르지 않다는 것을 증명하는 일은 간단합니다. 역사적으로 다양한 여성들이 수학에 뛰어난 재능을 보였던 것을 알 수 있습니다. 예를 들어 알렉산드리아에 살았던 히파티아라는 여성은 수백 명에게 수학을 가르쳤지요. 뿐만 아니라 디오판토스의 이론에 주석을 달고 아폴로니우스의 난해한 책을 해석했습니다. 또 현재 사용하고 있는 천체도를 올바르게 고친 사람이기도 하지요. 나으리, 두려워하거나 의심하지 마십시오. 알라신의 영광으로 따님께서는 피타고라스의 지식을 쉽게 이해할 것입니다! 이제 수업 날짜와 시간을 잡는 일만 남았습니다."

"가능한 한 빨리 해야지! 텔라심은 벌써 열일곱이라네. 점성가의 불길한 예언으로부터 그 아이를 하루빨리 구해야 해. 그렇지만 소홀히 할 수 없는 사실을 하나 일러두어야 할 것 같네. 내 딸은 규방 안에서 살고 있어 가족 외에는 다른 남자를 본 일이 없다네. 따라서 두꺼운 커튼 뒤에서 얼굴을 베일로 가리고 노예 두 명이 대기하는 상황에서만 수업을 받을 수 있을 것이야. 이런 조건인데 수락할 수 있겠나?"

"기꺼이 받아들이지요. 조신하고 정숙한 것은 대수 공식 이상으로 젊은 처녀가 지녀야 할 덕목임에 틀림없습니다. 철학자 플라톤은 그의 학교 문 앞에 다음과 같은 간판을 걸어놓았지요.

기하학 지식이 없이는 아무도 들어올 수 없다.

하루는 방탕해 보이는 젊은이 한 명이 찾아와서 플라톤의 학교에 입학하고 싶어 안달을 했습니다. 그러나 플라톤은 입학을 거절하며 이렇게 선언했지요. '기하학은 순수하고 간결하다. 자네의 그 파렴치한 몰골은 순결한 학문을 모욕하는 것이야.' 소크라테스의 유명한 제자인 그는 이런 식으로 수학은 방탕함과 함께 할 수 없으며 부도덕한 것에 의해 모욕을 당해서는 안 된다는 것을 입증했던 것이지요. 따님에 대해 알지도 못하고, 얼굴을 뵙고 찬미를 드릴 수 있는 행운도 찾아오지 않을 테지만 나으리의 따님을 가르치게 된 것을 기쁘게 생각합니다. 알라신께서 허락하신다면 내일부터 시작하겠습니다."

"됐네. 그럼 두 번째 기도가 끝난 후 바로 하인을 보내도록 하지. 그럼 이만 돌아가겠네."

이에지드가 여관을 나가자 나는 셈도사에게 그 일이 능력 밖의 일일 수도 있다고 충고를 했다.

"베레미즈, 한 가지 이해가 안 가는 일이 있는데. 자네는 한번도 책을 가지고 공부를 했거나 현자에게 가르침을 받은 적이 없는데 어떻게 어린 처녀에게 수학을 가르치려고 하는가? 자네가 그렇게 명석하고 상황에 맞게 계산을 하는 능력을 어떻게 배웠지? 목동 시절 양떼와 무화과나무,

날아다니는 새들을 통해 수학의 신비를 발견했던 것이 아니냔 말이야."

"자네가 잘못 알고 있어." 베레미즈가 엄숙하게 대답했다.

"내가 페르시아에서 주인님의 양떼를 지키는 동안 노 엘림이라는 늙은 수도승을 알았다네. 한번은 거센 모래폭풍이 칠 때 내가 그분의 목숨을 구해주었지. 그때부터 그분은 나의 가장 친한 친구가 되었어. 그분은 지혜로운 분이셨고 유용하고 훌륭한 것을 많이 가르쳐주었지. 그런 분에게 가르침을 받았는데 알렉산드리아 사람, 유클리드 불멸의 기하학 마지막 단계인들 못 가르치겠나?"

10

새장 안의 새

텔라심을 가르치기 위해 이에지드의 궁에 가다. 성질 고약한 타라 티르가
베레미즈의 능력에 의혹을 제기한다. 베레미즈는 새장 안의 새를 통해
완전수(perfect number)의 원리를 깨우쳐준다.

　　우리가 여관을 나와 이에지드 아불 하미드의
집으로 갔을 때는 4시가 조금 넘어서였다. 친절하고 성실한 노예의 도움
을 받아 곧 무아산 지역의 꼬불꼬불한 길을 빠져나와 우아한 공원 한가
운데 자리잡은 웅장한 궁에 도착했다.

　베레미즈는 이에지드의 궁을 보고 놀라움을 금치 못했다. 공원 한가
운데 은을 입힌 거대한 탑이 서 있었는데 햇빛을 받아 다채로운 색깔의
무지개를 만들어냈다. 널찍한 뜰을 지나가니 본채로 통하는 철문이 나왔
다. 철문에는 아름다운 장식이 뛰어난 솜씨로 새겨 있었다. 궁전 내부에
있는 두 번째 뜰 가운데는 정성 들여 손질해 놓은 정원이 있었고 정원을
중심으로 저택이 양쪽으로 나뉘어져 있었다. 한쪽 동은 가족용 침실이
있고 다른 동은 철학자나 시인 그리고 비지에르 등과 같은 외부 인사들

을 만날 때 쓰이는 접견실이 있었다.

이에지드의 궁전은 화려하게 치장해 놓았지만 왠지 쓸쓸하고 음울해 보였다. 쇠창살이 쳐진 창문만 보고는 그 안의 방에 예술품이 줄줄이 늘어서 있으리라고는 상상도 못할 것이다. 두 동을 연결하는 넓은 회랑에는 쭉 뻗은 흰 대리석 기둥 열 개가 서 있었다. 기둥 받침에는 말발굽형 아치와 양각을 한 타일을 붙여놓았고 바닥은 모자이크 장식이 되어 있었다. 흰 대리석으로 된 두 개의 웅장한 층계는 각양각색의 향기를 지닌 꽃으로 둘러싸여 있었다. 층계는 정원으로 이어졌는데 정원에는 넓고 고요한 연못이 있었다. 정원의 중앙에 있던 모자이크 장식이 된 거대한 새장은 마치 식탁 중앙에 놓인 꽃 장식 같았다. 새장에는 기묘한 소리를 내는 새들과 희귀종 그리고 눈에 띄는 깃털을 가진 새들도 있었다. 그중 보기 드물게 아름다운 새 몇몇은 내가 모르는 종이었다.

주인은 정원에서 우리를 맞으며 정중하게 인사를 했다. 그의 옆에 가슴이 떡 벌어지고 마른 체격에 피부색이 검은 젊은이가 서 있었다. 우리를 맞이하는 태도로 미루어 무례한 사람처럼 보였다. 허리춤에는 보란 듯이 상아 손잡이가 붙은 값비싼 단도를 차고 있었다. 그는 적대감이 가득 찬 눈초리로 우리를 노려보았다. 퉁명스럽고 짜증 섞인 말투가 몹시 귀에 거슬렸다.

"이 사람이 말씀하신 계산을 잘한다는 자인가요?"

그는 경멸하는 투로 비아냥거렸다.

"이에지드 나으리, 정말 무모하시군요. 이런 생판 모르는 거지를 집안으로 끌어들여 아름다운 텔라심과 마주 앉게 하실 작정이십니까? 해서는 안 될 일을 하신 것 같사옵니다. 맙소사! 이렇게 순진하시다니!" 그러더니 기분 나쁜 웃음을 터뜨렸다.

나는 그의 오만 방자함에 울분을 누를 길이 없었다. 버르장머리 없는 녀석의 무례한 태도에 대한 답례로 주먹이라도 한 대 날리고 싶었다. 그러나 베레미즈는 냉정을 지켰다. 아니면 이 셈도사는 그 상황을 또 다른 문제로 여겼는지도 모른다.

그 젊은이의 생각 없는 행동에 당황한 이에지드가 말했다.

"이보게 셈박사, 내 사촌인 타라 티르의 성급한 판단을 부디 용서하게. 그대의 수학적 능력에 대해 올바른 판단을 할 수 없어 잘 모르고 그런 것이라네. 저 아이는 다만 텔라심의 장래를 걱정해서 그런 것이지 다른 뜻은 없다네."

"물론이지요. 저는 이 낯선 사람의 수학적 능력을 모르고 말고요! 쉴 그늘과 먹이를 찾아 바그다드를 통과하는 낙타가 몇 마리인가 하는 것에는 전혀 관심이 없어요."

젊은이가 씩씩거리며 불만을 늘어놓았다. 그러고는 말이 빨라지며 자기가 한 말을 미처 끝낼 사이도 없이 말을 계속했다.

"이에지드 어른. 여기 있는 떠돌이의 수학적 재능에 대해서 나으리가 얼마나 잘못 알고 있는지 제가 몇 분 안에 증명해 보일 수 있습니다. 허락만 내려주시면 모술의 스승님께 배운 사소한 문제 두어 개만 가지고도 이 자의 실력을 폭로하겠습니다."

"그게 사실인가? 그럼 그렇게 해보도록 하게." 이에지드가 동의했다. "지금 당장 셈박사에게 질문을 하거나 아무 문제든 내보도록 하게나."

"문제라니요? 왜요? 현자들의 학문을 우리 안에 갇힌 표범의 것과 비교해서야 되겠습니까?"

그는 노골적으로 비꼬며 말했다.

"이 무지한 수피교도의 가면을 벗기는 데 문제까지 동원할 필요가 없을 것 같은데요. 제 목적을 달성하는 데 문제를 생각해 내려고 애쓸 이유가 없다구요. 이에지드 어른께서 생각하시는 것보다 훨씬 빨리 끝낼 수 있으니까요."

그러고 나서 그는 냉정하고 단호한 눈초리로 베레미즈를 쏘아보며 넓은 새장을 가리켰다.

"자, 새들의 머리 수나 세는 셈박사. 저 새장 안에 새가 몇 마리나 있는지 말해 보시겠소?"

베레미즈 사미르는 팔장을 끼고 온 정신을 집중하여 화려한 색깔의 새떼를 관찰했다. 새장 안에서 여기 앉았다 저기 앉았다 하며 쉬지 않고 날아다니는 새들을 세는 것은 미친 짓이 아닌가.

기대에 찬 침묵이 흘렀다. 몇 초가 지나자 셈도사는 지체 높은 이에지드를 향해 말했다.

"이에지드 나으리. 청이 하나 있습니다. 저 중에 세 마리를 지금 곧 날려보내주십시오. 그러면 전체의 수를 말하는 것이 좀더 간단하고 기분 좋은 일이 될 것입니다."

그의 이런 부탁은 어리석은 짓이었다. 논리적으로 말해서 어떤 수를 셀 수 있는 사람이면 누구든 셋을 더 세는 것은 너무나 쉬운 일이 아닌가. 예기치 못했던 청에 매우 흥미를 느낀 이에지드는 새장지기에게 베레미즈의 요구대로 하라고 명했다. 새장에 갇혀 있다 풀려난 사랑스러운 세 마리의 벌새가 쏜살같이 하늘로 날아 올라갔다.

"자 이제 이 새장 안에는 496마리의 새가 있습니다." 베레미즈가 신중하게 대답했다.

"대단하군!" 이에지드가 무릎을 치며 감탄했다. "정확한 숫자야! 타라 티르도 알고 있었지! 내가 소유하고 있는 새가 정확히 500마리라고 그에게 말을 해주었거든. 나이팅게일 한 마리는 모술에게 보냈고 세 마리를 날려보냈으니 496마리가 남은 것이 맞지."

"운이 좋았어요." 타라 티르는 역겹다는 몸짓을 하며 투덜거렸다.

이에지드는 호기심을 누르지 못하고 베레미즈에게 물었다.

"496에 3을 더하면 499가 간단하게 나오는데 왜 496마리라고 답하고 싶어 했는지 말해줄 수 있겠나?

"설명해 드리지요." 베레미즈가 자신 있게 대답했다.

"수학자들은 항상 특출한 수를 선호하고 평범하고 재미없는 숫자는 피하려고 하지요. 499와 496을 두고 보면 의심의 여지가 전혀 없이 496이 완전수(perfect number)이므로 그 수를 선호할 수밖에 없는 것이옵니다."

"완전수라는 게 대체 무엇인가? 어떻게 하면 완벽한 수가 되는 거지?" 이에지드가 물었다.

"완전수란 자신을 뺀 약수(divisor)의 합과 같은 수를 말합니다. 예를 들어 28은 약수가 다섯 개가 있지요.

$$1, \ 2, \ 4, \ 7, \ 14$$

약수의 합은

$$1 + 2 + 4 + 7 + 14$$

로 정확히 28입니다. 그러므로 28은 완전수에 속하는 것이지요."

"6도 완전수라고 할 수 있습니다. 6의 약수는

$$1, \ 2, \ 3$$

이고 그 합이 6이니까요."

"6과 28과 더불어 또 496이라는 숫자가 있지요. 제가 말씀 드렸듯이 그것도 역시 완전수입니다."

성질이 고약한 타라 티르는 베레미즈가 부연 설명하는 것을 견디지 못했다. 그는 이에지드에게 양해를 구하고는 분해서 투덜거리며 그 자리를 떠났다. 무시할 수 없는 수학적 능력을 지닌 사람과 함께 있기 어려웠던 것이다. 그는 내 앞을 지나치며 경멸에 찬 눈으로 나를 노려보았다.

"셈도사여, 내 사촌이 했던 말에 너무 기분 나빠 하지 말게나. 워낙 성격이 불 같은 데다 알 데리드의 소금광산을 인수한 이후로 난폭해지고 저렇게 벌컥 화를 잘 낸다네. 저 녀석은 벌써 노예들에게 다섯 건의 살인미수와 여러 차례 공격을 받았지."

지적인 베레미즈는 이에지드의 마음을 상하게 하고 싶지 않은 것 같았다. 그는 친절하면서도 느긋하게 대답했다.

"이웃과 평화롭게 지내고 싶으면 좋은 쪽으로 생각하는 것을 늘리고 분노를 억제해야 합니다. 저는 모욕을 당했다고 느끼면 솔로몬 왕의 지혜를 따르려고 노력하지요. '어리석은 자는 분노를 바로 드러내고 분별력 있는 사람은 수치심을 감춘다(잠언 12장 16절).'는 저의 선하신 부친의 가르침을 결코 잊지 못합니다. 아버님께서는 제가 지나치게 흥분해서 복수를 하겠다고 벼르면 '자신의 이웃 앞에서 자기를 낮추는 사람은 하느님 눈에는 높이 들어 올려지리라' 하셨습니다."

그리고 잠깐 쉬더니 말을 계속했다.

"어쨌든 저는 무례한 타라 티르에게 매우 감사하며 악의는 전혀 없습

니다. 그의 오만 방자한 본성이 제게 새로운 형태의 자비를 베푸는 법을 실천하게 해주었으니까요."

"자비를 베푸는 새로운 법이라니? 그게 무슨 뜻인가?" 이에지드가 놀라며 물었다.

"우리가 새장에 갇힌 새를 풀어줄 때마다 우리는 세 가지 자비를 행하게 됩니다. 첫 번째는 새에게 베푸는 것으로, 갇혀 있던 새에게 자유를 되찾게 해주는 것이고, 두 번째는 우리 자신의 양심에 베푸는 것이고 세 번째는 신께……"

"그러니까 자네 말은 우리가 새장에 갇힌 새를 풀어준다면……"

"나으리. 단언하건대 1,488번의 숭고한 자비를 행하신 것이 되는 것이옵니다."

베레미즈가 자신 있게 대답했다. 그는 이미 마음속으로 496과 3의 관계를 알고 있었던 것 같았다.

도량이 넓은 이에지드는 베레미즈의 이 말에 매우 감동을 받아 거대한 새장에 갇혀 있던 새들을 모두 풀어주기로 했다. 명령을 받은 하인과 노예들은 어안이 벙벙했다. 많은 노력과 인내심을 바쳐 수집했던 그 새들의 값은 어마어마했다. 새장 안에는 자고새와 벌새를 비롯해서 깃털이 화려한 꿩, 검은 갈매기, 마다가스카르산 오리들과 코케이시안 부엉이, 지극히 희귀종에 속하는 중국과 인도산 제비도 있었다.

"새들을 풀어주어라!"

이에지드는 찬란하게 빛나는 반지를 낀 손을 휘두르며 다시 외쳤다.

넓은 새장의 문들이 열리고 갇혀 있던 새들이 정원의 나무 꼭대기 위로 떼를 지어 흩어져 날아갔다.

그때 베레미즈가 말했다.

"날개를 활짝 편 새들은 하늘을 향해 책장이 열려 있는 한 권의 책입니다. 신의 서고인 새들을 훔치거나 파괴하는 것은 몹쓸 범죄이지요."

바로 그때, 어떤 노래의 첫 구절을 부르는 소리가 들려왔다. 그 목소리는 너무나 부드럽고 감미로웠다. 작은 제비들이 지저귀는 소리와 비둘기들이 다정하게 구구거리는 소리가 한데 어우러진 것 같았다. 처음에는 외로운 나이팅게일이 비탄에 젖어 울어대는 것처럼 우울하고 무언가를 갈망하는 분위기가 가득한 슬프면서도 사람의 마음을 끌어당기는 곡조였다. 소리가 점점 커지면서 복잡한 룰라드(roulade, 일종의 장식음)와 오후의 정적과는 대조적인 마디마디 끊어지는 사랑의 울부짖음이 화사한 떨림으로 이어지더니 바람을 타고 날아 오른 나뭇잎처럼 공기 중에 떠돌았다. 그리고 다시 슬프고 탄식어린 처음의 분위기로 돌아가면서 정원 위를 속삭이듯 감돌았다.

　　인간의 말을 하고 천사의 혀를 가졌다 하더라도
　　자비심이 없다면 나는 울리는 징, 쨍그랑거리는 심벌즈와 같네.
　　　　나는 아무것도 아니라네
　　　　나는 아무것도 아니라네

　　예언하는 능력을 타고 나고
　　모든 신비와 모든 지식을 이해한다 해도
　　그래서 산을 옮길 수 있다 해도
　　자비심이 없다면
　　　　나는 아무것도 아니라네
　　　　나는 아무것도 아니라네

　　가난한 이들에게 가진 것을 모두 나누어준다 해도
　　내 몸을 불태우는 희생을 한다 해도
　　자비심이 없다면
　　　　나는 아무것도 아니라네
　　　　나는 아무것도 아니라네

그 매력적인 목소리는 저항할 수 없는 기쁨의 파도를 일으켜 우리가 있던 곳을 감싸 안았다. 공기마저 가볍게 느껴졌다.

"텔라심이 노래를 하는군." 뜻밖의 노래소리에 매료되어 귀를 곤두세우고 있는 우리를 보고 이에지드가 말했다.

새들이 하늘을 가득 메우며 자유를 찾아 환희에 찬 노래를 부르며 멀리 날아가고 있었다. 496마리밖에 되지 않았지만 1만 마리는 족히 되어 보였다.

베레미즈는 한동안 침묵에 잠겼다. 노래의 음률이 자유를 찾은 새들로 인해 기뻐하던 그의 영혼을 파고 들어 기쁨을 더해주었다. 베레미즈는 눈을 들어 목소리가 어디서 들려오는지 둘러보았다.

"저 아름다운 가사는 누가 지었습니까?"

이에지드가 말했다.

"나도 모른다네. 한 기독교인 노예가 텔라심에게 가르쳐준 것인데 저 아이는 그것을 잊지 않는군. 나사렛의 어떤 시인이 쓴 것이 틀림없을 거야. 텔라심의 어머니, 곧 내 아내가 그렇게 말하더군."

11

텔라심의 첫 수업

아름다운 텔라심과 베레미즈는 수학 수업을 시작한다. 플라톤의 말에서
부터 신의 일체성, 측량이란 무엇인가, 계산과 숫자, 대수와 함수, 기하
학과 형태, 천문학 등 '볼 수 없는 학생'은 열심히 듣는다.

베리미즈가 수학을 가르칠 방은 매우 넓었다. 방 한가운데는 천장에서 바닥까지 내려오는 묵직하고 두터운 붉은색 벨벳 커튼이 드리워져 있었다. 천장은 밝게 칠해져 있었고 그것을 받치고 있는 기둥은 금빛을 띠었다. 카펫 위로는 커다란 실크 방석들이 여기저기 놓여 있었는데 방석 가장자리에는 코란의 시구가 새겨져 있었다. 벽에는 환상적인 푸른색 무늬와 공훈시인 안타르의 아름다운 시가 어우러져 있었다. 방 한가운데 있는 두 기둥 사이에는 안타르의 '기쁨의 노래'가 파란색 바탕에 금빛 글자로 새겨져 있었다.

　　　　알라신께서 당신의 추종자들을 사랑하시면
　　　　그들에게 영감을 불러넣어 주신다.

땅거미가 내려앉을 무렵이 되자 향 냄새와 장미향이 온 방안을 가득 채웠다. 반질반질하게 닦인 대리석 창문이 열려 있어 정원이 내려다보였다. 정원에 심어둔 탐스러운 사과나무들이 저 멀리 거친 물살을 일으키며 흐르는 잿빛 강물까지 뻗어 있었다. 방문 옆에 얼굴을 가리지 않은 흑인 여자 노예가 서 있는데 그녀의 손톱에는 헤나(적갈색 식물 염료 ─ 옮긴이) 물이 들어 있었다.

"따님께서 여기에 계십니까?" 베레미즈가 이에지드에게 물었다.

"물론이지. 내가 커튼 건너편에 앉아 있으라고 일러놓았소. 그 아이는 거기서 보고 들을 수 있을 것이오. 그러나 이쪽에 있는 사람들의 눈에는 그 아이가 보이질 않을 것이오."

사실이었다. 베레미즈의 학생이 될 어린 처녀는 실루엣조차 알아볼 수 없었다. 혹시 그녀는 우리 몰래 커튼에 뚫린 작은 구멍을 통해 보는 것은 아닐까.

"자, 이제 시작해도 될 것 같소." 이에지드는 이렇게 말하고 애정 어린 목소리로 "텔라심아, 정신차려 듣도록 하여라."라고 덧붙였다.

"네, 아버지." 건너편에서 곱게 자란 처녀의 목소리가 들려왔다.

베레미즈는 수업 준비를 시작했다. 그는 방 한가운데 놓인 방석에 자리잡고 앉았다. 나는 조심스럽게 방 한쪽 구석에 자리잡고 가능한 한 편안한 자세를 취했다. 이에지드도 내 옆에 앉았다.

모든 공부는 기도로 시작한다. 베레미즈도 기도로 수업을 시작했다.

"자비로운 알라신이시여. 전지전능한 창조자시여! 신이 내리신 자비는 저희에게 최고의 선물이옵니다. 존경하는 알라신이시여 저희에게 자비를 베푸소서! 당신의 손으로 축복을 내리신 올바른 길로 저희를 인도하옵소서!"

기도를 끝내고 베레미즈가 말했다.

"고요하고 맑은 밤에 하늘을 바라보면 신께서 하신 경이로운 일을 이해하기란 불가능하다는 것을 알게 됩니다. 끝없는 사막을 줄지어 건 가는 대상행렬처럼 빛나는 별무리가 눈앞에 펼쳐지는 것을 볼 때 우리는 경탄을 금할 수 없습니다. 별무리는 영원히 변치 않는 법칙에 따라 우주의 심연으로부터 광대한 성운과 행성 주위를 돌지요. 그런 별들의 움직임을 통해 우리는 구체적인 개념, 즉 '수'라는 개념을 배우게 되는 것입니다.

그리스가 아직 이교도의 나라였을 때 현명하신 알라신의 뜻에 따라 피타고라스라는 사람이 살았습니다. 한번은 그의 제자가 인간사를 지배하는 힘이 무엇인지 물었지요. 그는 이렇게 대답했습니다. '수가 모든 것을 지배한다.'

사실입니다. 아무리 단순한 생각이라 할지라도 많은 측면에서 근본적인 수의 개념 없이는 이루어질 수 없습니다. 사막의 베두인족들도 기도하면서 고개를 숙이고 신의 이름을 읊조립니다. 그때 그의 정신은 한

가지 숫자, 즉 '하나, 일치'라는 생각으로 꽉 차 있지요. 그렇습니다. 성경에 쓰여 있는 진실과 예언자들이 거듭 말하는 것에 따르면 신은 한 분이시며 영원 불멸의 존재이십니다! 그러므로 우리의 지적 구조 안에 1이라는 수가 떠오르는 것입니다. 창조주의 상징으로서지요.

모든 이성과 깨달음의 근본이 되는 수로부터 또 다른 논쟁의 여지가 없는 개념이 나오게 됩니다. 즉 '측량'이라는 개념이지요.

측량이라는 것은 비교하는 것입니다. 그렇지만 측량할 수 있는 것은 비교의 근거가 되는 요소를 포함하고 있는 숫자들이지요. 우주의 광대함을 측량할 수 있을까요? 영원을 잴 수 있겠습니까? 결코 불가능합니다. 인간의 관점으로 보면 시간은 언제나 무한한 것이지요. 따라서 측량의 단위로 영원을 계산하려는 것만큼 허망한 것은 없습니다.

그러나 많은 경우 우리의 측량체계에 들어맞지 않는 차원을 좀더 확실하게 계산될 수 있는 차원으로 대체하는 것은 가능할 것입니다. 측량의 절차를 간편하게 하기 위해 이렇게 대체할 대상을 찾는 것이 우리가 수학(mathematics)이라고 부르는 학문의 가장 중요한 목적이지요.

수학자들은 자신의 목표를 달성하기 위해 수를 공부해야 합니다. 수의 속성과 순열을 말입니다. 이 부분을 산술이라고 부르지요. 일단 수를 이해하면 알 수 없는 다양한 차원을 공식이나 방정식 등으로 나타낼 수 있는 값을 구할 수 있지요. 대수학(algebra)이 그렇게 탄생되는 것이지요.

우리가 현실적으로 구해내는 측정값은 사물이나 기호로 표현되는데 어떤 경우이든 그런 사물이나 부호들은 세 가지 속성을 가지게 됩니다. 바로 형태와 크기, 위치입니다. 그러므로 그런 특징을 공부하는 것이 중요합니다. 그것이 바로 기하학(geometry)의 목적이기도 하구요.

수학은 또 운동과 힘의 법칙과도 상관이 있습니다. 역학(mechanics)이라고 하는 존경스러운 학문에서 볼 수 있는 법칙들이지요. 한편 수학의 모든 경이로운 점을 영혼을 고양시키고 인간을 숭고하게 만들어주는 학문에 맡기는 것을 천문학(astronomy)이라고 합니다.

개중에는 수학의 구조 안에서 산수와 대수, 기하학은 뚜렷이 구분되는 분야라고 생각하는 사람도 있는데 그것은 엄청난 오류지요. 그것들은 모두 함께 움직이며 서로 돕고 경우에 따라서는 상호 교환도 가능합니다. 인간을 소박하고 겸허하게 가르치는 수학은 모든 예술과 학문의 기본입니다.

예멘의 한 유명한 왕조에게 일어났던 사건을 다시 한 번 들려드리지요. 예멘 왕 아사드 아부 카리브가 하루는 자신의 궁전에 있는 넓은 발코니에서 쉬고 있는데 꿈속에서 7명의 처녀가 길을 따라 걸어가는 것을 보았습니다. 처녀들은 피로와 갈증을 견디지 못해 타는 듯한 사막의 불볕 아래 멈춰 섰습니다. 바로 그때 아름다운 공주가 나타나더니 그들에게 물 한 주전자를 주었지요. 친절한 공주는 그들의 갈증을 풀어주었고 처녀들은 다시 활력을 얻어 가던 길을 계속 갔습니다.

꿈에서 깨어난 아사드 아부 카리브 왕은 영문을 알 수 없는 그 꿈이 머리를 떠나지 않았지요. 그래서 사니브라고 하는 유명한 천문학자를 부르기로 마음먹었습니다. 공정하고 강한 왕으로 알려진 자신이 이미지와 환상의 세계에서 보았던 것이 무엇을 뜻하는지 자문을 얻기 위해서였지요. 천문학자 사니브가 말하기를, '전하, 길을 가던 7명의 젊은 처녀들은 신성한 예술과 인간의 학문들입니다. 회화와 음악, 조각, 건축, 수사학, 논리학과 철학이지요. 그들을 도와주기 위해 나타났던 친절한 공주는 놀랍고도 위대한 수학이옵니다.'

그리고 그 학자는 말을 이었습니다.

'수학의 도움 없이는 예술은 발전할 수 없으며 모든 학문도 멸망할 것입니다.'

이 말에 감동을 받은 왕은 전국의 모든 도시와 마을, 오아시스에 수학을 연구하는 기관을 세우기로 했습니다. 군주의 명령에 따라 달변에다 유능한 학자들은 장터와 여관을 비롯해서 대상 일행이 머무는 곳으로 상인과 유랑민들에게 대수를 가르치기 위해 몰려들었습니다. 몇 달 안에 나라는 더욱 부강해졌지요. 과학의 발전과 더불어 나라의 실질적인 재정도 늘어났지요. 학교는 학생들로 넘쳤고 상업은 급속히 팽창했습니다. 예술 작품의 수도 늘어나고 기념비들이 세워졌으며 희귀한 외국 보물들이 도시로 몰려들었습니다. 예멘국은 진보와 부를 향해 문을 활짝 열었던 것이지요. 그런데 불행이 닥치고 말았으니! 엄청나게 번성하던 사업과 재물이 종말을 맞게 되었던 것입니다. 이 세상을 하직한 아사드 아부카리브 왕은 이교도인 아스라일인들의 손에 의해 알라신이 계신 천당으로 들어올려졌습니다. 왕의 죽음으로 무덤이 두 개 생겨났지요. 하나는 영예로운 왕의 시체가 묻혔고 다른 하나는 그 나라 백성들이 누리던 예술과 학문의 문화가 묻혔습니다. 지적인 면에서 장점이라고는 거의 없는 게으르고 허영심 많은 왕자가 왕위를 물려받았던 것입니다. 그는 나라를 다스리는 일보다 허황된 것을 찾아 다니느라 더 많은 시간을 보냈지요. 불과 몇 달 만에 공공 업무는 혼돈상태에 빠졌고 학교는 문을 닫았습니다. 예술가와 학자들은 범죄자와 도적 떼의 위험을 피해 도망갈 수밖에 없었습니다. 국가의 재정은 쓸데없는 축제와 호화스러운 연회에 흥청망청 남용되었습니다. 잘못된 정치로 나라는 파산지경이 되었고 결국은 호시탐탐 기회를 엿보던 적국의 공격을 받아 정복당하고 말았지요.

아사드 아부 카리브의 이야기는 백성들의 발전이 수학적인 능력의 발전과 관련이 있다는 사실을 보여주고 있습니다. 우주를 통틀어서 수학은 수와 측량입니다. 창조주의 상징인 하나됨은 모든 것의 시작입니다. 하나됨이란 수들 사이의 변치 않는 관계와 균형이 없었더라면 존재하지 않았을 겁니다. 인생의 위대한 수수께끼들은 알려진 것이든 아니든 모두 우리가 풀 수 있는 요소들의 단순한 조합일 뿐이지요.

우리는 수학을 이렇게 이해할 수 있습니다. 수로 시작해야만 합니다. 자비하신 알라신의 도움으로 수를 탐구하는 법을 알게 될 것입니다.

와살람!(평화가 있기를!)"

이 말을 끝으로 셈도사는 첫 수업을 마쳤다. 그리고 나서 뜻밖에 기분 좋은 사건이 있었다. 붉은 커튼 뒤에 숨어 있던 보이지 않는 학생이 다음과 같이 기도하는 것을 들은 것이다.

"전지전능하신 신이시여, 하늘과 땅의 창조주시여! 가난과 사악함, 그리고 우리 마음속에 자리잡은 우매함을 용서하시옵소서. 우리의 목소리를 듣지 마옵시고 알아들을 수 없는 외침에 귀 기울여주소서. 우리의 요구를 듣지 마옵시고 우리에게 필요한 부르짖음을 들어주시옵소서. 우리는 가질 수 없는 것을 청하는 일이 너무나 많사옵니다!

위대하신 신이시여!

오 신이여. 이 세상을 우리에게 주시고 훌륭한 가정과 부를 주신 것에 감사 드리며 우리가 속해 있는 세상에 다양한 생물을 주신 것에 감사 드리옵니다. 영광스러운 파란 하늘과 저녁의 산들바람, 하늘의 구름과 별을 주신 당신을 찬양하옵니다. 광활한 바다와 흐르는 시냇물 영원히 변치 않는 언덕과 무성한 나무들 그리고 우리의 발을 부드럽게 감싸주는 푸른 풀밭을 주신 것에 찬미드리옵니다.

자비로우신 신이여!

우리가 영혼을 통해 삶과 사랑의 아름다움을 느낄 수 있는 수 많은 기쁨을 허락하신 것에 감사드리옵니다……

자비로우신 하느님! 가난과 사악함, 우리 마음속에 자리잡고 있는 어리석음을 용서하시옵소서."

12

가장 완벽한 곡선

아이들의 줄넘기에서 발견한 기하학. 가장 완벽한 곡선에 대해 이야기를 나누다가 하림 나마르를 만나 60개의 멜론 판매액에 관한 문제를 해결한다.

우리가 이에지드 시인의 호화로운 궁을 나오자 이미 기도시간이 가까웠다. 라미 사원을 지나가는데 오래된 무화과 나뭇가지 위에서 새들이 지저귀는 소리가 들려왔다.

　"저것 좀 보게. 저것들은 분명히 오늘 풀려난 새일 걸세."

　내가 베레미즈에게 이렇게 말했다.

　"자유를 찾은 기쁨을 저렇게 노래로 부르다니⋯⋯, 얼마나 기분이 좋은지 몰라!"

　그러나 베레미즈는 새들의 노래에는 관심이 없었다. 그는 근처 길거리에서 놀고 있는 아이들을 바라보는 데 정신을 쏟고 있었다. 아이들은 줄넘기를 하고 있었는데 그 중 두 명이 4, 5큐빗(1큐빗은 46~56cm ― 옮긴이)쯤 되어 보이는 가느다란 줄의 양쪽 끝을 잡고 있었다. 줄을 잡고 있는 두 아이가 줄을 넘는 아이의 실력에 따라 줄을 높게 낮게 돌리고 나머지 아이들은 줄 위를 넘는 것이었다.

"저 줄을 좀 보게나." 셈도사가 내 팔을 잡으며 말했다.

"저 완벽한 곡선을 좀 보라구. 연구할 가치가 있다는 생각이 들지 않나?"

"지금 무슨 얘기를 하는 건가? 저 줄을 말하는 건가?" 내가 의아해하며 물었다.

"아이들이 하루 해가 저물기 전에 재미있게 놀려고 하는 거지. 저 놀이에 무슨 특이한 점이 있단 말인가. 난 잘 모르겠는 걸?"

"글쎄. 그렇다면 자네가 자연의 아름다움과 경이로움을 볼 줄 모르는 소경과 같다는 말이야. 저 아이들이 줄의 양쪽 끝을 잡고 올렸다가 줄 자체의 무게로 바닥으로 떨어뜨릴 때 줄이 스스로 곡선을 만들어내지. 자연의 힘에 따라서 말일세. 나는 예전에도 노 엘림 현자께서 마라잔이라고 불렀던, 이것과 똑같은 곡선을 관찰한 적이 있었지. 옷감과 단봉낙타 같은 것의 혹에서 볼 수 있는 그런 곡선 말일세. 알라신께서 허락하신다면 기하학자들은 점과 점을 이어 이 곡선을 추적할 방법을 찾을 수 있을 것이고 그 속성을 철저히 연구할 수 있을 텐데 말일세."

"그렇지만 다른 중요한 곡선들도 많이 있어. 먼저 원이 있지. 그리스의 철학자이며 수학자인 피타고라스는 원을 가장 완벽한 곡선이라고 생각해서 원을 완벽성과 결부시켰지. 모든 것 가운데 가장 완벽한 곡선인 원은 그리기가 가장 쉽지."

바로 그때 베레미즈는 곡선에 대해서 막 시작했던 강의를 중단하고 가까이 있던 청년을 가리키며 외쳤다.

"하림 나미르 아닌가!"

그 청년은 깜짝 놀라 몸을 돌리더니 미소를 지으며 우리쪽으로 왔다. 그제서야 나는 우리가 사막에서 만났던 유산으로 남겨진 서른다섯 마리의 낙타를 놓고 실랑이를 벌이던 3형제 중 한 명이라는 것을 알아차렸다. 3분의 1, 9분의 1 해가며 복잡하게 얽혀 있던 어려운 문제였는데 베레미즈는 앞서 내가 설명했듯이 기묘한 방법으로 그 문제를 풀어주었다.

"운명이 우리를 위대한 셈도사께로 이끌어주셨군요. 지금 하메드 형이 아무도 풀지 못한 멜론 60개에 대한 문제를 해결하기 위해 애쓰고 있던 중이었어요."

그러고 나서 하림은 그의 형 하메드 나미르와 상인 여럿이 함께 있는 어떤 집으로 우리를 데리고 갔다.

하메드는 베레미즈를 보자 매우 반가워하며 상인들에게 말했다.

"지금 막 여기 도착한 이분은 위대한 수학자시라네. 서른다섯 마리의 낙타를 세 사람에게 나누어주라는 불가능해 보였던 문제를 해결하는 데 도움을 주셨던 고마운 분이 바로 이분이시지. 그러니 60개의 멜론을 판 금액의 계산이 맞지 않는 이유를 몇 분 내에 설명해 주실 것이야."

베레미즈는 그들이 처한 상황에 대해 설명하는 것을 주의 깊게 들었다. 상인들 가운데 한 명이 설명했다.

"하림과 하메드 형제가 멜론 두 자루를 시장에 내다 팔기 위해 내게 가지고 왔습니다. 하림은 3개에 1디나르씩 값을 매긴 멜론 30개를 가지고 왔어요. 하메드도 역시 30개를 가지고 왔는데 그는 하림보다 높은 가격인 2개에 1디나르씩 팔아 달라고 했습니다. 그러니 논리적으로 멜론이다 팔리면 하림은 10디나르를 형은 15디나르를 받게 되니까 합계가 모두 25디나르가 되지요.

그런데 시장에 나가보니 의문이 생기기 시작했습니다. 내가 멜론을 더 비싼 것부터 팔기 시작한다면 사는 사람이 없을 것이고 싼 것부터 팔기 시작하면 나머지 30개를 팔기가 어려울 것이라는 생각이 들었지요. 단 한 가지 해결책은 두 자루를 한꺼번에 파는 수밖에 없었습니다.

이렇게 마음을 먹은 나는 멜론을 전부 합해서 5개에 2디나르를 받고 팔기 시작했지요. 저로서는 논리가 명백한 것 같았어요. 3개를 1디나르에 팔고 또 2개도 1디나르에 팔아야 하니까 5개에 2디나르를 받는 것이 더 쉬울 것이라고 생각했지요.

5개씩 12무더기로 나누어서 60개를 팔고 나니 24디나르가 들어오더군요. 그런데 한 사람이 10디나르, 또 한 사람은 15디나르를 받기로 되어 있는 이 형제들에게 어떻게 돈을 지불해야 합니까? 1디나르가 차이가 나니 말입니다. 저는 이 차액을 어떻게 설명해야 할지 모르겠습니다. 제가 말씀드렸듯이 철저하게 주의를 기울여 판매했습니다. 3개를 1디나르에 팔고 2개를 1디나르에 파는 것과 5개를 2디나르에 팔면 똑같은 것 아닌가요?"

그때 하메드 나미르가 끼어들었다.

"시장을 감독하는 관리가 문제를 이상하게 꼬이게 하지만 않았더라

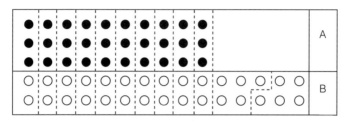

이 그림은 60개의 멜론에 대한 문제를 해결해 준다. 'A'는 3개에 1디나르씩 팔린 것을 나타내고 'B'는 2개에 1디나르씩 팔린 것을 나타낸다. 그리고 전체 그림은 2디나르씩 받고 팔았던 1봉지에 5개씩 12봉지로 나눈 것을 나타낸다.

면 그냥 넘어갈 수도 있는 문제였어요. 그 관리는 우리 이야기를 듣고는 차액을 어떻게 처리할지 몰라 멜론을 파는 동안 한 개를 도둑맞았다는 것에 5디나르를 걸겠다고 했어요."

"그 관리가 잘 모르고 그랬군요. 그 사람이 5디나르를 내야 할 것 같네요. 차액은 이렇게 설명할 수 있습니다."

베레미즈가 말했다.

"하림의 자루에는 멜론이 3개씩 들어 있는 봉지가 10개 있었고 각각의 봉지는 1디나르씩에 팔아야 했지요. 그리고 총 판매액은 10디나르이구요.

하메드의 자루에는 멜론이 2개씩 들어 있는 봉지가 15개 있었고 값은 한 봉지에 1디나르였으니까 모두 15디나르가 되는 겁니다.

두 자루에 들어 있는 봉지의 수가 같지 않다는 것에 주목해야 합니다. 5개짜리 봉지에 든 멜론을 팔려면 열 봉지만 2디나르에 팔 수 있었습니다. 이 열 봉지가 팔리고 나면 하메드의 자루에 들어 있는 더 비싼 메론 10개만 남아 있게 되지요. 2개를 1디나르씩에 팔아야 했던 것들말입니다.

그러니까 1디나르의 차액은 나머지 10개의 멜론을 판 결과로 생긴 것이지요. 도둑은 없었습니다. 1디나르의 손실은 가격이 다른 두 자루 때문에 생긴 결과일 뿐이지요."

우리는 그쯤에서 헤어져야 했다. 오후 기도 시간을 알리는 무에진의 목소리가 공중에 울려퍼졌다.

"하이 알 엘-살라! 하이 알 엘-살라!"

우리는 지체 없이 코란에 적힌 대로 기도 준비를 시작했다. 해가 막 지평선에 내려앉고 있었다. 황혼녘에 바치는 기도인 마그리브를 할 시간이었다. 오마르 사원의 탑에서 소경 무에진이 굵고 간질한 목소리로 기도하기를 청했다.

"알라는 위대하시고 에언자 무함마드는 신의 말씀을 전하는 진정한 사자이나니, 이슬람교도들이여 와서 기도하시오! 와서 기도하시오! 알라 신을 제외한 모든 것은 한갓 먼지에 지나지 않는다는 것을 명심하시오!"

상인들도 베레미즈를 따라 밝은색 카펫을 깔고 샌들을 벗고는 성도를 향해 외쳤다.

"지혜롭고 자비하신 알라신이시여! 전지전능하신 하늘과 땅의 창조주시여! 저희를 올바른 길, 당신의 보호와 축복을 받는 이들이 들어가는 길로 인도하여 주시옵소서!"

13

수의 우정

칼리프의 궁전을 방문하여 시인들과 사람 사이의 우정과 숫자 사이의 우
정에 대해 이야기한다. 칼리프는 셈도사 베레미즈를 칭송한다.

FRIENDSHIP OF NUMBERS

　　나흘 뒤 아침에 우리는 알라신의 대리인이며 모든 믿는 이들의 수장이신 칼리프 아불 아바스 아메드 알 무스타심 빌라를 알현하게 될 것이라는 소식을 들었다. 그 소식은 이슬람교도라면 누구나 황송하게 생각할 일이었다. 나뿐 아니라 베레미즈도 그런 날을 기다려왔다.

　　이에지드에게 셈도사가 행했던 업적에 관한 이야기를 들은 왕이 그를 보고 싶다는 생각이 들었을지도 모른다. 우리가 바그다드 사회에서 가장 지체 높은 인사들과 함께 왕궁에 들어갈 수 있었던 것을 설명할 수 있는 것은 그 이유밖에는 없었다.

　　왕궁에 들어서는 순간 나는 눈이 부셨다. 건물 측면으로 조화롭게 곡선을 그리며 늘어서 있는 아치들을 늘씬하게 솟은 기둥들이 양쪽에서 떠

받치고 있었다. 기둥 받침의 가장자리는 붉은색과 흰색의 작은 타일 조각으로 이루어진 정교한 모자이크로 장식되어 있었다. 중요한 방들은 푸른색과 금색으로 장식되어 있었다. 모든 방의 벽은 올록볼록한 타일을 붙여놓았고 통로는 모자이크로 꾸며져 있었다. 격자 가리개와 카펫, 긴 의자뿐 아니라 사실은 궁전의 모든 가구들은 힌두교의 전설에 나오는 왕들이 누렸던 극도의 웅장함을 자랑하고 있었다.

밖의 정원들도 그에 못지 않은 웅장함이 엿보였다. 자연스러운 아름다움이 강조된 정원들은 천 가지 향기가 나는 식물들의 향기로 가득했다. 뿐만 아니라 초록빛 카펫처럼 잔디가 깔린 정원에는 시내가 흐르고 수없이 많은 하얀 대리석 분수들이 상쾌함을 더해주고 있었다. 그 옆에서는 수천 명의 노예가 일을 하고 있었다.

우리가 도착하자 비지에르 이브라힘 말루프의 보좌관 한 명이 긴 의자로 안내했다. 우리는 모든 권력을 손에 쥐고 있는 왕이 상아와 벨벳으로 꾸민 화려한 옥좌에 앉아 있는 것을 보았다. 대전의 아름다움에 압도되어 나는 약간 얼떨떨했다. 사면의 벽에는 영감을 받은 노련한 서예가의 정교한 솜씨로 써넣은 글들이 적혀 있었다. 그 글들은 가장 뛰어난 시인의 시에서 발췌한 것이라는 것을 알 수 있었다. 그리고 곳곳에 꽃이 가득 담긴 항아리가 놓여 있었다. 방석 위에도, 카펫에도 꽃으로 수를 놓았으며, 금 쟁반에도 정교한 솜씨로 꽃들이 새겨져 있었다.

수많은 호화로운 기둥도 내 눈길을 끌었다. 기둥의 머리 부분과 축은 무어인 예술가들의 끌 솜씨로 우아하게 다듬어져 있었다. 튤립과 백합 등 수많은 다양한 식물들의 꽃과 잎의 형태를 본떠서 변형을 만들어내는 데는 그들을 따를 사람이 없었다. 그들의 솜씨는 놀라울 정도로 조화롭고 형언할 수 없을 만큼 아름다웠다.

왕을 접견하는 자리에 참석한 사람들은 일곱 명의 비지에르와 두 명의 판사, 현자 몇 명과 각급 고위 성직자들이었다.

귀하신 비지에르 말루프께서 우리를 소개했다. 비지에르 말루프는 팔꿈치를 허리에 붙이고 손바닥을 편 채 가는 손을 내밀며 다음과 같이 말했다.

"사원의 왕이시여, 전하의 분부에 따라 오늘 이렇게 명망이 높으신 청중들 앞에 현재 저의 비서인 베레미즈 사미르와 궁내 필경직을 맡고 있는 그의 친구 하낙 타드 마이아를 이 자리에 데리고 왔사옵니다."

"이슬람의 형제들이여 환영하오!" 칼리프는 다정하고 친절한 목소리로 우리를 맞았다.

"나는 지혜로운 사람들을 존경하오. 이 땅의 하늘 아래 사는 사람들 가운데 수학에 조예가 깊은 사람이면 누구나 나의 후원을 받게 될 것이며 확실하게 보호해 줄 것이오."

"전하, 알라신의 인도가 함께 하시기를 비옵나이다!" 베레미즈가 절

을 하며 말했다.

　나는 팔을 앞으로 모으고 고개를 숙인 채 아무 말도 하지 않았다. 호명을 당하지 않았으므로 대답을 해서는 안 된다는 생각에서였다.

　전체 아랍인들의 운명을 손에 쥐고 있는 왕은 개방적이고 관대해 보였다. 준수한 용모였으나 사막의 태양에 그을어 나이에 비해 일찍 이마에 주름이 잡혀 있었다. 자주 미소를 짓는 그는 웃을 때마다 고르고 하얀 이가 드러났다. 비단 허리띠 속에는 보석이 박힌 손잡이가 달린 우아한 단도를 차고 있었다. 머리에는 가늘고 흰 줄무늬가 들어 있는 초록색 터번을 쓰고 있었는데 초록색은 모두 알다시피 모든 영광과 평화를 받으시는 성스러운 예언자 무함마드의 후예라는 표시였다.

　"이 자리에서 의논하고자 하는 중요한 사안들이 많소." 칼리프가 입을 열었다. "그러나 내 친구인 시인 이에지드가 데리고 온 이 페르시아인 수학자가 진정으로 가치 있고 탁월한 계산의 도사라는 명백한 증거를 먼저 보고 나서 심각한 정치적 문제에 대한 논의를 시작하기로 하겠소."

　덕망 있는 왕의 요청을 받은 베레미즈는 자신에 대한 이에지드의 신뢰를 헛되이 하지 않아야겠다는 생각이 들었다. 그는 칼리프를 향해 말했다.

　"오, 믿는 이들의 통치자시여! 저는 전하께서 관심을 가져주신 것이 영광스럽기 이를 데 없는 한낱 양치기에 지나지 않사옵니다."

그는 잠시 숨을 돌리고 계속했다.

"그러나 너그러운 저의 친구들은 제가 수를 아는 사람의 대열에 끼는 것이 정당하다고 생각합니다. 제게는 그런 칭찬이 분에 넘치는 것이옵지요. 저는 인간들은 일반적으로 셈에 능숙하다고 생각하옵니다. 음절을 세고 자신이 지은 시의 운율을 확인하는 시인도 그렇고 자신의 작품에 완벽한 화음 법칙을 적용하는 음악가도 그러하옵니다. 또 마음속으로 일정한 원근법에 따라 그림을 그리는 화가나 실을 한 가닥 한 가닥 배열하는 보잘것없는 카펫 직공도 마찬가지이옵니다. 전하, 이 모든 이들이 훌륭하고 능숙한 계산가들이옵니다."

베레미즈는 고매한 눈길로 왕의 주위를 에워싸고 있던 사람들을 둘러본 다음 말을 이었다.

"전하의 주위에 있는 사람들이 모두 현명하고 학식 있는 사람인 것을 보니 기쁘기 한량없습니다. 막강한 왕권의 그늘 아래서 학문을 연마하고 학문의 경계를 확장시키는 우수한 인재들을 볼 수 있사옵니다. 전하, 이렇게 현명한 분들과 한 자리에 있다는 사실이 세세는 다시 없이 소중한 기회이옵니다. 인간의 가치는 그가 알고 있는 것에서 찾을 수 있습니다. 아는 것이 힘이라는 말이옵니다. 현명한 사람들은 예를 들어가면서 가르칩니다. 예를 드는 것보다 인간의 영혼을 확실하게 사로잡는 것은 없으니까요. 그러나 인간은 선행을 베푸는 것 이외의 목적으로 지식을 추구해서는 아니 되옵니다.

그리스의 철학자 소크라테스는 자신의 권위를 다 바쳐서 다음과 같은 점을 강조했습니다. '우리를 좀더 선하게 만드는 것만이 유용한 지식이다.' 또 다른 유명한 철학자 세네카는 회의적으로 물었습니다. '사람이 곧은 것에 대한 개념이 없다면 직선이 무엇인지 아는 것이 뭐가 중요하겠는가?' 그러니 너그러우시고 정의로우신 전하, 제가 이 자리에 함께하신 현명하고 박식한 분들에게 경의를 표할 수 있게 허락해 주시옵소서."

셈도사는 잠깐 쉰 다음 진지하고 유창하게 말을 계속했다.

"저는 매일 일과 중에서 알라께서 무에서 유의 존재로 창조하신 모든 것들을 눈여겨보았습니다. 그 일을 통해 저는 수의 가치를 파악했고 실질적이고 신뢰할 만한 법칙에 따라 수를 사용하는 법을 배웠습니다. 지금 전하께서 요구하시는 증거를 대는 데는 어려움이 있사오나 널리 알려진 전하의 자비심만을 믿고 이렇게 말씀 드리고자 합니다. 이 호화로운 긴 의자에서 보면 감동적이며 존경할 만한 수학적 증거들을 도처에서 발견할 수 있사옵니다. 고상하게 꾸며진 이 방의 벽에는 다양한 시로 장식해 놓았고 각각의 시들은 정확히 504개의 낱말로 되어 있습니다. 그중 일부는 검은 글씨로 쓰였고 나머지는 붉은색으로 쓰였습니다. 504개의 낱말을 포함한 이 시의 글자를 베껴 적었던 서예가들은 영구불멸의 이 시를 쓴 사람들에 못지 않은 상상력과 재능을 지닌 사람이라는 것을 알 수 있사옵니다.

전하! 이유는 간단하옵니다. 이 웅장한 방의 아름다움을 더해주는 비길 데 없이 훌륭한 시들을 통해서 우정을 대단히 찬양하고 있다는 사실을 읽을 수 있습니다. 저기 기둥 가까이에 알 무할릴의 유명한 시의 첫줄이 적혀 있사옵니다.

내 친구가 나를 떠난다면 나는 비참하기 짝이 없으리
내게 있던 보물이 전부 나를 떠나갔으니.

그리고 저기 좀더 가보면 타라파의 구절이 적혀 있습니다.

인생의 매력은 오직 위대한 우정이 이루어질 때만 찾을 수 있다네.

이 모든 말들은 진실로 숭고하고 심오하며 감동적입니다. 그러나 더욱 심오한 아름다움은 글씨를 쓴 사람의 천재성에서 찾아 볼 수 있지요. 이 시구들이 찬양하고 있는 우정이 생명과 감정을 가진 것들 사이에서만 존재하는 것이 아니라는 것을 드러내고 있사옵니다. 우정은 숫자들 가운데서도 있는 일이옵니다.

그렇다면 전하께서는 분명 수학적인 우정으로 결속된 숫자들을 어떻게 구별할 수 있느냐고 물으실 것입니다. 그렇게 결속이 잘 되어 있는 일련의 숫자들을 어떻게 기하학적으로 구별해 낼 수 있을까요?

제가 숫자들 사이의 우정을 가능한 한 간단히 설명하겠나이다. 220과 284라는 숫자를 예로 들어보면 220은 다음의 숫자들에 의해 정확하게 나누어집니다.

$$1, \ 2, \ 4, \ 5, \ 10, \ 11, \ 20, \ 22, \ 44, \ 55, \ 110$$

또 284는 이런 숫자들로 정확히 나누어지지요.

$$1, \ 2, \ 4, \ 71, \ 142$$

이 두 숫자 사이에는 눈에 띄는 우연이 존재하고 있습니다. 220에 속해 있는 숫자들을 모두 더하면 284가 됩니다. 그리고 284에 속한 숫자들을 더하면 정확히 220을 얻을 수 있사옵니다.

이런 결과로부터 수학자들은 220과 284는 '친구'라고 결론을 내렸던 것이지요. 각각의 숫자는 서로를 존중하고 보호하며 즐겁게 하고 봉사하는 것이지요."

그리고 그는 이렇게 말을 맺었다.

"자비로우시고 정의로우신 전하, 우정을 찬양하는 시에 들어 있는 504개의 낱말은 다음과 같은 방법으로 적혀 있습니다. 220개는 검은 글자이고 284는 붉은 글자입니다. 제가 말씀 드린 대로 이 숫자들은 친구 사이지요.

또 한 가지 그에 못지않게 흥미로운 관계가 있사온데 보시다시피 504 개의 낱말이 32개의 행에 적혀 있습니다. 284와 220의 차는 64이고 제곱이나 세제곱이 되는 수는 아닐지라도 행의 정확히 두 배가 되는 수이옵니다.

비판적인 사람은 이것을 단순한 우연의 일치라고 할 것이옵니다. 그러나 모든 기도와 평화를 받으시는 성스러운 예언자 무함마드의 가르침을 따르는 신자라면 알라신께서 이미 운명의 책에 적어놓지 않은 한 우연이란 불가능한 것이라는 것을 알 것이옵니다. 그러므로 저는 504를 220과 284로 둘로 나눈 그 서예가가 모든 이들의 영혼을 움직일 수밖에 없는 우정에 관한 시를 썼다고 단언할 수 있사옵니다."

셈도사의 이야기를 들은 칼리프는 몹시 기뻐하였다. 왕은 한눈에 서른 개의 시에 들어 있는 504개의 낱말을 센 다음 220개가 검정이고 284개가 붉은색이라는 것을 입증해 낸 그의 솜씨가 믿기 어려운 듯했다.

"오, 수의 도사여 그대의 이야기는 그대가 진정 의심할 여지 없는 최고의 수학자라는 사실을 내게 증명해 보였소. 그대가 '수의 우정'이라고 부르는 그 매력적인 상관관계를 알게 되어 무척 기쁘오. 그리고 이제 이 방의 벽을 장식하고 있는 시를 적어 넣은 서예가가 누구인지 알아내고 싶구려. 504개의 낱말을 두 개의 친구로 정리한 것이 고의적인 것인지 아니면 운명의 장난이며 숭고하신 알라신의 작품인지 밝혀내는 것은 아주 쉬운 일이오."

그러고 나서 칼리프 알 무스타심은 대신 한 명을 불러들여 물었다.

"누레딘 자루르, 자네는 어떤 서예가가 이 왕궁에서 일을 했는지 기억하는가?"

"전하 그 사람은 제가 잘 아는 사람으로 오토만 사원 근처에서 살고 있사옵니다."

"지체없이 그 자를 이리 데려오도록 하라. 지금 당장 그에게 물어볼 것이 있노라."

"예, 분부 받들어 거행하겠나이다."

대신은 군주의 명령을 수행하기 위해 쏜살같이 자리를 떠났다.

14

영원한 진실

베레미즈는 타고난 수에 대한 능력으로 쌍둥이 무용수, 이클리미아와 타베사를 구별해 낸다. 그리고 시기심 많은 대신과 베레미즈는 꿈과 상상력의 학문, 실용성과 순수성에 대해 논쟁한다.

왕의 사자 시크 누레딘 자루르가 방을 장식한
시를 적은 서예가를 찾아 떠난 후에 5명의 이집트인 악사들이 들어왔다.
그들은 매우 감미로운 아랍 노래와 풍부한 감정을 곁들인 곡을 연주했
다. 악사들이 노래를 하며 하프와 치터, 플루트를 연주하는 동안 두 명의
우아한 무희가 넓은 원형 무대에서 춤을 추었다. 외모로 보아 스페인 출
신 노예처럼 보이는 무희들은 그곳에 모였던 사람들의 흥을 돋웠다.

　　무희가 될 노예 소녀들은 신중히 선택되어 특별대우를 받는다. 그들
은 손님에게 아름다움과 여흥뿐 아니라 개인적인 시중과 애교까지 제공
하기 때문이다. 무희들의 출신지에 따라 서로 다른 춤을 보여주는데 그
춤이 얼마나 다양한가에 따라 손님을 대접하는 주인의 부와 권력을 짐작
할 수 있었다. 게다가 무희들의 신체적 조건이 비슷하다는 점은 높은 점

수를 받았다. 그런 쌍을 찾아내려면 매우 신중하고 정확한 선택이 필요하기 때문이다.

모두 두 노예 소녀의 유사함에 놀라워했다. 두 명 모두 가는 허리와 똑같이 검은 피부, 눈 언저리에까지 똑같이 검정 먹으로 칠했다. 그리고 똑같은 목걸이와 팔찌를 두르고 있었다. 또 혼란을 더하기 위해 입고 있는 드레스에서도 손톱만큼의 차이점도 발견할 수 없었다.

어느 순간 기분이 좋아진 칼리프가 베레미즈에게 말을 건넸다.

"나의 어여쁜 노예들이 어떠하오? 저들이 똑같다는 것을 이미 눈치챘을 테지. 한 명은 이름이 이클리미아이고 다른 한 아이는 타베사지. 쌍둥이인 저 아이들의 값은 어마어마하다네. 저 두 아이가 무대에 섰을 때 구별하는 사람을 아직 만나보지 못했소. 자세히 보시오. 지금 오른쪽에 있는 아이가 이클리미아이고 왼쪽에서 우리를 향해 활짝 웃음을 지어보이며 기둥 옆에 서 있는 아이가 타베사요. 저 아이의 피부색이나 은은히 배어나는 미묘한 향기가 마치 알로에 잎을 보는 듯하지."

"이슬람의 지도자시여, 저 무희들은 진실로 훌륭하다는 것을 인정하옵니다. 저토록 매혹적인 여성이 발산하는 아름다움을 창조하신 유일신 알라께 찬양을 드리옵니다. 시인은 아름다운 여인에 관해 이렇게 말했습니다."

시인들이 금실로 천을 짜는 것도 그대가 지닌 화려함을 위해서요.
화가들이 새로운 불멸의 작품을 창조하는 것도
그대의 아름다움을 위해서라네.
그대를 꾸며주고 그대에게 옷을 입히고
그대를 더욱 화려하게 만들기 위해.
바다는 진주를, 땅은 황금을, 정원은 꽃을 바치고
그대의 젊음 위에 남자의 가슴속에 담긴 욕망이
영광스럽게 펼쳐진다네.

"하오나 이클리미아와 타베사 자매를 구별하는 것은 제게는 아주 쉬운 문제로 보입니다. 저들이 입고 있는 옷을 주의 깊게 관찰하기만 하면 되니까요."

"어떻게 그것이 가능한가?" 칼리프가 놀라며 물었다. "저들이 입고 있는 옷은 한 치의 차이도 없어. 내 명에 따라 둘이 똑같은 베일과 블라우스와 무용치마를 입고 있는 걸."

"자비로운신 왕이시여, 저를 용서하시옵소서. 하오나 재봉사가 전하의 명령에 합당한 주의를 기울이지 않은 듯하옵니다. 이클리미아의 치마는 312개의 술이 달려 있는데 타베사의 치마에는 309개밖에 달려 있지 않사옵니다. 술의 개수의 차이는 쌍둥이 자매를 혼동하는 것을 막을 수 있을 만큼 충분한 수입니다."

칼리프는 손뼉을 몇 번 쳐서 춤을 멈추게 하고 하킴에게 무희들의 의상에 붙은 술을 하나하나 세라는 명을 내렸다.

베레미즈의 계산이 확인되었다. 사랑스러운 이클리미아의 의상에는 312개의 술을 달려 있었고 타베사의 것에는 309개밖에 없었다.

"오 알라신이시여!" 왕이 감탄했다. "시크 이에지드는 시인임에도 불구하고 과장을 하지 않았구나. 베레미즈는 진정으로 재능이 있는 셈의 도사로다. 무희들이 무대에서 어지럽게 돌아가면 춤을 추는 동안 그는 두 명의 의상에 달린 술을 모두 세었으니 말이야. 정말 믿기 어려운 일이로다!"

그러나 사람이 질투에 눈이 멀면 그의 영혼이 어떤 비열하고 야만적인 성향을 드러낼지 모르는 법이다.

알 무스타심 왕의 조정에는 나훔 이븐 나훔이라는 대신이 있었는데 시기심이 많고 사악한 사람이었다. 그는 칼리프 앞에서 사막의 회오리바람에 휘말려 올라가는 모래처럼 베레미즈의 권위가 치솟아 오르는 것을 보자 속이 뒤틀렸다. 그래서 결국 내 친구의 흠을 찾아내어 웃음거리로 만들려고 작정했다. 그는 왕 앞으로 나가 천천히 말했다.

"창조자들 가운에 으뜸이신 전하. 오늘 오후 우리의 손님으로 온 저 페르시아인 셈도사는 기본적인 항목과 연속되는 수(serial figure)에 관해서는 천부적인 재능을 가지고 있사옵니다. 벽에 적혀 있는 500여 개의 단어를 세고 수 사이의 우정을 보여주었습니다. 또 그 수들의 차이인 64가 제곱수인 동시에 세제곱수가 된다는 이야기도 했습니다. 뿐만 아니라 아름다운 무희들의 드레스에 달려 있는 술까지 하나하나 셀 수 있다는 것을 보여주었지요."

"우리의 수학자들이 실용적이지 못한 유치한 일에 시간을 허비한다면 끔찍한 일이 아닐 수 없습니다. 우리가 사랑하는 시 구절에 220 더하기 284개의 낱말이 있다는 것을 안다고 해서 그것이 무슨 소용이 있겠사옵니까? 시인을 사랑하는 사람에게는 시 구절 안에 들어 있는 낱말을 센다든가 그의 시에 검정이나 붉은색으로 쓰인 낱말의 수를 세는 것이 중요한 것이 아니옵니다. 뿐만 아니라 여기 있는 아름답고 우아한 무희의 드레스에 술이 312개이든 309개이든 아니 1,000개가 되든 우리가 그 사실을 아는가 모르는가 하는 것이 중요하지 않사옵니다. 모두 쓸모없는 일들이며 아름다움과 예술을 창조하는 감정이 풍부한 사람들은 거의 관심을 기울이지 않는 일이지요."

대신은 계속해서 말을 했다.

"학문을 아는 영리한 사람이라면 인생의 중대한 문제를 해결하는 데 헌신해야 할 것입니다. 유일신 알라로부터 영감을 받은 현자들이 여기 있는 페르시아인 계산쟁이가 하듯이 사용하라고 이 숭고한 학문, 그 눈

부신 수학적 체계들을 세워놓았던 것은 아니옵니다. 유클리드와 아르키메데스, 뛰어난 학자이자 알라신의 보살핌을 받았던 오마르 카얌의 학문을 단순히 생물과 사물의 수를 세는 보잘것없는 것으로 격하시키는 것은 죄악이라고 사료되옵니다. 저희는 여기 있는 페르시아인 산수쟁이가 자신의 재능을 일상생활에서 발생하는 진정한 문제들을 해결하는 데 어떻게 이용할지 알고 싶사옵니다."

곧이어 베레미즈가 대답했다.

"나으리께서 사소한 오해를 하신 것 같사옵니다. 나으리께서 범한 하찮은 실수를 지적할 수 있도록 허락해 주신다면 영광이겠나이다. 우리의 영혼이며 주인이신 자비로우신 칼리프께서 제가 말을 계속할 수 있도록 윤허해 주시기를 청하옵니다."

칼리프가 대답했다.

"나훔 이븐 나훔의 비판도 일리가 있는 것 같소. 이 문제를 분명히 할 필요가 있을 것 같소. 여기 모인 사람들은 그대의 말을 듣고 나서 자신의 의사를 정할 것이오."

대전에는 오랫동안 정적이 감돌았다. 드디어 셈도사가 말을 시작했다.

"오 아랍의 왕이시여. 학식이 있는 사람들은 수학이 인간의 영혼을 깨우는 데서 비롯되었다는 것을 알고 있사옵니다. 실용주의적인 목적에서 탄생한 것이 아니라는 뜻이옵니다. 이 학문이 생겨나게 된 첫 번째 동기는 우주의 신비를 풀어보고자 하는 소망에서였습니다. 그러므로 수학의 발전은 무한성을 이해하고 꿰뚫어보려는 노력에서 출발했던 것이지요. 그 두터운 장막을 헤쳐보려는 시도가 있은 지 수세기가 지난 지금에도 우리를 발전하게 하는 것은 무한성에 대한 추구이옵니다. 인류의 물질적인 진보는 추상적인 탐구와 현재의 과학자들의 손에 달려 있사옵니다. 또 미래의 인류의 진보는 자신들의 이론을 실용적인 면에 적용시키려는 생각없이 순수한 학문적 목적을 추구하는 과학자들의 손에 달려 있을 것이옵니다."

베레미즈는 잠시 숨을 가다듬고 미소를 띠며 말을 계속했다.

"수학자가 계산을 하거나 수들 사이의 새로운 관계를 알아내려고 할 때 실용적인 목적을 가진 진리를 찾는 것이 아니옵니다. 실용적인 목적만을 위해 학문을 탐구하는 것은 학문의 정신을 파괴하는 것이지요. 우리가 오늘날 공부하는 이론은 당장은 비실용적인 것으로 보일 수도 있지만 미래에는 우리가 상상할 수 없는 어떤 의미를 내포하고 있을지도 모르는 일이옵니다. 하나의 불가사의한 문제가 수세기 동안 해결되지 않고 계속 반향을 일으키리라는 사실을 상상이나 할 수 있겠사옵니까? 현재의 방정식을 가지고 미래에 다가올 미지의 것들의 해법을 구할 수 있을지 그 누가 알겠사옵니까? 알라께서만 진실을 알고 계시지요. 현재 행해지고 있는 이론적인 연구가 1, 2천 년 내에 실용적인 용도로 소중하게 쓰이게 될지도 모르는 일이옵니다.

수학자들은 문제를 풀고 넓이를 계산하며 부피를 재는 일 이외에 그보다 훨씬 더 숭고한 목적이 있다는 사실을 염두에 두는 것이 중요하옵니다. 그것은 지성과 이성의 발전을 위해 매우 가치 있으며 수학은 인간이 사고의 위력과 정신의 신비를 느끼기 위한 가장 확실한 방법 가운데 하나이기 때문이옵니다.

결론적으로 수학은 영원불멸의 진실 가운데 하나입니다. 자연의 위대한 신비에 관해 깊이 생각하고 전능하신 신의 존재를 느낄 수 있는 수준까지 인간의 영혼을 들어올리는 것이지요. 오, 명망이 높으신 나훔 이븐 나훔 나으리. 나으리께서는 제가 앞서 말씀드렸듯이 사소한 실수를 하신 것 같사옵니다. 저는 시의 행을 세고 별의 고도를 계산하며 국가의 규모나 돌풍의 위력을 측정했습니다. 그러기 위해 대수의 공식과 기하학의 원칙을 적용시켰사옵니다. 그러나 저의 계산 능력이나 제가 공부했던 것들을 통해 이득을 얻어보겠다는 생각은 전혀 없었습니다. 꿈이나 상상력이 없다면 학문은 멸망할 것입니다. 생명이 없기 때문이지요."

왕의 주위를 에워쌌던 귀족들과 현자들은 베레미즈의 유창한 웅변에 깊이 감명을 받았다. 왕은 셈도사에게 다가와서 그의 오른손을 들어주었다. 그리고 왕의 권위로 단호히 선언했다.

"꿈이 있는 과학자의 믿음이 승리했소. 앞으로도 철학적 믿음이 없이 야심만 있는 학자들의 세속적인 기회주의에 대항해 항상 승리할 것이오. 이는 알라신의 말씀이오!"

너무나도 공정하고 올바른 심판을 내려준 왕의 말을 듣고 증오심에 가득한 나훔 이븐 나훔은 고개를 숙이고 왕을 찬양한 후 고개를 떨어뜨린 채 아무 말 없이 대전을 떠났다.

이런 글을 썼던 시인의 말이 맞았다.

상상력을 마음껏 피어 오르게 하라.
꿈이 없다면 인생이 어떻게 될까?

15

신기한 숫자판

수의 우정에 대해 알기 위해 보낸 왕의 전령 누레딘이 알아온 서예
가의 삶 그리고 신기한 숫자판과 체스판. 베레미즈는 기묘한 마방진
에 대해 이야기한다.

MAGIC SQUARE

누레딘은 자신의 임무를 완수할 운명이 아니었던 모양이었다. 왕이 수의 우정에 관한 문제를 알아내기 위해 찾고자 했던 서예가는 바그다드 어느 곳에서도 찾을 수 없었다. 누레딘은 칼리프의 명을 받들기 위해 자신이 했던 일을 순서대로 아뢰었다.

"저는 호위병 세 명과 함께 궁전을 떠나 오토만의 모스크로 향했습니다. 오, 알라신께 다시 한 번 찬미를 드립니다! 모스크를 관리하는 한 성자가 제가 찾는 사람이 그 부근에 있는 어떤 집에서 몇 달 간 살았다고 했사옵니다. 그런데 바로 며칠 전, 양탄자 상인들의 대상행렬을 따라 마스라로 떠났답니다. 이름도 모르는 그 서예가는 혼자 살았으며 작고 조촐한 집에서 밖으로 나오는 일이 매우 드물었다고 하옵니다. 저는 그 사람의 행방을 알 만한 단서라도 찾을 수 있지 않을까 하여 그가 살던 집을 찾아가보는 것이 좋겠다고 생각했습니다.

　그 집은 주인이 떠난 후 버려진 채로 있었사옵니다. 집 안에 있던 물건들은 하나같이 그 주인이 비참할 정도로 가난했다는 것을 짐작케 했습니다. 가구라고는 한쪽 구석에 놓여 있던 부러진 침대뿐이었사옵니다. 거친 나무 식탁 위에는 말이 몇 개 있는 체스판이 있었고 벽에는 숫자가 가득 적힌 정사각형 판이 걸려 있었습니다. 저는 형편없는 생활을 하며 그렇게 가난하게 살았던 사람이 체스를 두었다는 사실과 벽에 수학 기호를 장식품으로 걸어놓은 것이 이상하다는 생각이 들었습니다. 그래서 여기 계신 고매한 현자들께서 늙은 서예가가 남겨두고 간 단서들을 연구하실 수 있도록 체스판과 숫자가 적힌 사각형 판을 가지고 오려고 마음먹었사옵니다.”

　이 말에 관심이 동한 왕은 베레미즈에게 체스판과 네모판을 자세히 살펴보라고 명했다. 그 물건은 가난한 서예가보다는 알 콰리즈미를 탐구하는 자에게 더 어울리는 것이었다.

　셈도사는 그 두 물건을 신중하게 살펴보고는 이렇게 말했다.

　“서예가가 두고간 이 흥미로운 숫자판은 소위 마방진이라고 하는 것이옵니다. 사각형을 하나 만든 다음 똑같은 크기의 사각형을 4개, 9개 혹은 16개로 나눕니다. 그리고 각각의 칸에 숫자를 하나씩 넣습니다. 그 숫자들을 가로나 세로 혹은 대각선 중 어떤 식으로 더해도 합이 같을 때 그

것을 마방진(magic square)이라고 합니다. 그리고 더한 값을 그 사각형의 '정수(constant)라고 하지요. 어떤 행을 택해도 네모 칸의 수는 일정해야 합니다. 또 각각의 네모 칸 안의 숫자는 모두 달라야만 하며 4개의 네모 칸만으로 마방진을 만드는 것은 불가능합니다.

"마방진의 유래에 대해 알고 있는 사람은 아무도 없사옵니다. 과거에는 호기심이 많은 사람들이 소일거리로 그것을 즐겨 만들었습니다. 고대인들이 특정한 숫자에 마법의 성질을 부여했듯이 이런 마방진 속에 마법의 힘을 찾아내는 것은 극히 당연한 일이지요. 그것은 무함마드 탄생 4,500년 전에 중국의 수학자들에게 알려졌습니다. 인도에서는 많은 사람들이 마방진을 부적으로 사용하였지요. 예멘의 한 현자는 마방진이 특정 질병을 막을 수 있다고

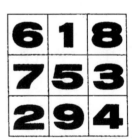
9개의 숫자로 된 마방진

주장했습니다. 어떤 부족에 따르면 은으로 만든 마방진을 목에 걸면 전염병으로부터 보호해 준다고 하옵니다. 의술도 행했던 고대 페르시아의 마법사들은 프리멈 논 노세레(Primum non nocere), 즉 아프지 않게 하는 것이 우선이라는 유서 깊은 원칙에 따라 마방진을 이용해서 병을 고칠 수도 있다고 주장했지요."

"하오나 수학자들의 세계에서 마방진은 재미있는 속성을 가지고 있

습니다. 예를 들어 한 마방진 속에서 또 다른 마방진을 만들 수 있다는 것이옵니다. 그것은 초마방진이라고 부릅니다. 어떤 초마방진은 마의 마방진이라고도 알려져 있습니다."

칼리프와 고위 대신들은 마방진에 대한 베레미즈의 설명을 열심히 들었다. 한 지혜로운 노인이 "베레미즈는 정말 비상한 페르시아인올시다!"라고 찬사를 보낸 다음 베레미즈에게 조언을 구하고 싶다고 했다. 각진 코에 눈에서 광채가 나던 그 노인은 태도는 부드럽고 푸근했다.

그의 질문은 다음과 같았다. "기하학에 조예가 있는 사람이 원주와 원의 지름 사이의 관계를 정확하게 찾아낼 수 있겠소이까?"

셈도사는 이렇게 대답했다. "원의 지름을 안다 해도 원주의 정확한 값을 계산하는 것은 불가능합니다. 정확한 수치가 있어야 하겠지만 기하학자들 사이에서도 정확한 값이 아직 알려져 있지 않지요. 고대 천문학자들은 원주의 길이는 지름의 3배라고 믿었으나 그렇지 않습니다. 그리

4	5	16	9
14	11	2	7
1	8	13	12
15	10	3	6

수학자들이 마의 마방진(diabolical)이라고 부르는 것. 정수인 34는 어떤 열이나 사선의 수를 더해서 얻는 수일 뿐 아니라 네모칸 안의 수 네 개를 다른 많은 방법으로 더해도 얻을 수 있다. 네 모서리의 수를 더해도 34이다. 실제로 합이 같은 수를 만드는 방법이 86가지나 된다.

스의 아르키메데스는 원주의 길이가 22큐빗이라면 지름은 약 7큐빗(팔꿈치에서 손가락 끝까지의 길이 —옮긴이)이어야 한다는 사실을 알아냈지요. 그래서 22를 7로 나누어서 그런 수치를 얻은 것입니다. 힌두 수학자들은 그렇게 생각하지 않습니다. 위대한 알콰리즈미는 아르키메데스의 원리가 현실적으로는 사실과 매우 동떨어진 것이라고 단언했습니다."

그리고 베레미즈는 납작코 노인을 향해 결론을 내렸다.

"그 값은 알라신만이 밝혀낼 수 있는 수수께끼에 싸여 있는 것 같습니다."

그러고 나서 셈도사는 체스판을 들어올리며 왕에게 아뢰었다.

"64개의 흑백 네모칸으로 나뉘어진 이 오래된 체스판은 전하께서도 아시다시피 수백 년 전에 라후르 세사라고 하는 한 힌두인이 인도의 왕을 즐겁게 해주기 위해 만든 체스라는 흥미로운 게임에 쓰이는 도구이지요. 체스 게임의 유래는 수와 계산 그리고 의미심장한 교훈이 담긴 전설과 깊은 관계가 있습니다."

"그거 아주 흥미로울 것 같군. 그 이야기를 꼭 듣고 싶소."

칼리프가 재촉했다.

"분부대로 거행하겠나이다."

베레미즈는 이렇게 대답하고 나서 다음 장에서 이어지는 이야기를 들려주었다.

16

전쟁과 게임

칼리프의 청에 따라 베레미즈는 체스의 기원에 대한 슬픈 전설을 들려준다. 전쟁에서 외아들을 잃은 왕과 지혜로운 젊은 승려 이야기.

고대의 기록이 정확하지 않기에 탈리가나 땅의 군주였던 이아다바 왕이 인도에 살면서 통치를 했던 시기가 언제인지 정확히 알기는 어렵사옵니다. 하오나 여러 힌두 역사가들에 따르면 당대 가장 태평성대를 구가한 왕이었다 해도 과언이 아닐 것이옵니다.

　그러나 전쟁으로 엄청난 희생자들의 행렬이 이어지면서 이아다바 왕의 인생은 파멸되었습니다. 탄식 소리가 군주로서 누리던 즐거움을 삼켜 버렸지요. 백성들의 안전을 지켜주어야 하는 것이 군주의 의무였습니다. 그래서 선하고 자비로운 왕은 칼리안의 왕자라고 알려진 모험가 바란굴의 잔인하고 갑작스러운 공격을 물리쳐야 했습니다. 왕은 검을 뽑아 들고 말 위에 올라 자신의 얼마 안 되는 군대를 지휘했사옵니다.

　양군의 격렬한 전투로 다시나의 들판은 시체로 뒤덮였고 성스러운 사브두 강물은 피로 물들었습니다. 역사가들에 따르면 이아다바 왕은 보기 드문 군사적 재능을 가지고 있었다고 합니다. 적의 침공이 있기 전에 침착하게 전략을 짰고 그 작전을 매우 기술적으로 수행해서 왕국의 평화를 깨뜨릴 뻔했던 침략자들의 위협을 완전히 물리쳤지요.

그러나 불행히도 미친 듯이 날뛰던 바란굴을 물리친 대가에는 많은 희생이 뒤따랐습니다. 많은 젊은 병사들이 왕실과 조정의 안전을 위해 목숨을 바쳤사옵니다. 전쟁터에 널려 있던 희생자 가운데 가슴에 화살을 맞은 이아다바 왕의 아들 아지아미르 왕자도 있었습니다. 그는 조국에 승리를 안겨주기 위해 자기 자리를 지키다 전쟁이 절정에 이르렀을 때 희생되었던 것이옵니다.

유혈이 낭자했던 전쟁이 끝나고 영토의 안전이 보장되자 왕은 안드라에 있는 호화로운 궁전으로 돌아왔습니다. 그러나 힌두인들이 전쟁에 이긴 것을 기념하기 위해 전통적으로 행하던 요란한 승전 축하 시위를 엄하게 금했습니다. 그리고 왕은 백성들의 안녕과 관련된 결재가 필요한 경우에만 대신이나 현자들과 만나기 위해 모습을 드러냈을 뿐 그 외에는 내전으로 물러나 나오시질 않았습니다.

시간이 흐르면서 가슴 아픈 전투에 대한 기억이 사라지기는커녕 점점 더 심해졌지요. 결국 왕은 고뇌와 비탄에 빠지게 되었습니다. 인생을 가치 있게 해주는 것 가운데 하나를 잃었으니 풍요로운 궁전이나 전투용 코끼리, 창고의 보물이 무슨 소용이 있겠사옵니까? 죽은 아들을 한시도 잊지 못하는, 비탄에 빠진 아버지의 눈에 물질적인 풍요로움이 무슨 가치가 있겠나이까?

왕은 조수처럼 밀려왔다 밀려갔다 하는 아자미르의 전사 장면을 마음속에서 지워버릴 수가 없었습니다. 불행한 왕은 커다란 모래 상자에 공격을 받았을 당시의 군사 배치 상황을 그렸다 지웠다 하며 시간을 보냈습니다. 한 줄은 보병의 전진을 나타내고 반대편에는 그와 평행으로 전투용 코끼리의 행진을 따라 줄을 그렸습니다. 그 바로 아래에는 달의 신 테찬드라의 보호를 받던 늙은 대령의 명령에 따라 움직이는 기병대가 곡선으로 대칭을 이루고 있었지요. 그리고 그 한가운데에 적군을 종대로 그려 넣었습니다. 왕은 적의 군사를 자신의 전략에 맞춰 매우 불리하게 배치해 놓았기 때문에 적군들은 여지없이 결정적으로 패하게 되어 있었습니다.

전투장면을 기억나는 데까지 상세하게 완성시키고 나면 왕은 그것을 지워버리고 다시 처음부터 시작했습니다. 마치 남몰래 품고 있던 고통스러운 과거에서 벗어남으로써 느껴지는 어떤 기쁨을 즐기는 듯했습니다.

어느 이른 아침, 늙은 브라만(지위가 높은 승려)들이 베다 성전 독경을 들으려고 궁에 도착했습니다. 그때 왕은 모래 상자에 군사 배치도를 그렸다가 지우고 난 다음이었습니다. 그는 그 전투를 결코 잊을 수 없었으며 그 장면을 되풀이해서 그리는 것도 그만둘 수가 없었던 것이지요.

왕의 이런 행동을 비탄하던 승려들이 작은 소리로 중얼거렸습니다. '가엾은 전하, 전하께서는 신에게 이성을 빼앗겨버린 노예처럼 저 일에만 몰두하고 계시는구료. 강하고 자비로운 다누타라만이 전하를 구할 수 있을 것이오.'

승려들은 향기 나는 뿌리를 태우며 영원한 병자들의 신 다누타라에게 탈리가나의 왕을 구해 달라고 간청하며 기도했습니다.

그러던 어느 날 겸손하고 가난한 젊은 승려가 뵈옵기를 청한다는 소식을 듣게 되었지요. 그는 이미 여러 차례 청을 올린 바 있었는데 왕이 언제나 거절했습니다. 자신이 아직 방문객을 받을 정신이 아니라고 하면서 말입니다. 하지만 이번에는 그 청을 받아들여 그 젊은이를 대전으로 데리고 오라는 명을 내렸습니다.

대전에 도착한 젊은 승려는 관례에 따라 귀족에게 질문을 받았습니다. "그대는 누구이며 고향은 어디요? 비시누 신의 뜻을 받들어 묻노니 탈리가나의 주인이신 왕께 청하고자 하는 것이 무엇이오?"

젊은 승려가 대답했습니다. "소승의 이름은 라후르 세사라고 하옵고 고향은 나미르 마을이옵니다. 이 아름다운 도시에서 도보로 30일쯤 걸리는 곳이지요. 전하께서 전쟁으로 왕자를 잃은 고통으로 깊은 시름에 빠져 계신다는 소문이 제가 사는 곳까지 들려왔습니다. 소승은 고귀하신

임금님께서 자신의 고통에 굴복하는 눈먼 승려처럼 궁전에만 갇혀 계시다니 얼마나 곤혹스러우실까 하고 생각하였사옵니다. 그래서 저는 전하의 관심을 다른 곳으로 돌리고 새로운 즐거움에 눈뜨실 수 있는 게임을 고안해 낸다면 효과가 있을 것이라고 생각하였습니다. 여기 이것이 제가 전하께 드리려고 가져온 보잘것없는 선물이옵니다."

이 책뿐 아니라 다른 역사책에 나오는 모든 위대한 왕들과 마찬가지로 이 힌두 왕도 강한 호기심이 발동했지요. 젊은 승려가 처음 보는 새로운 게임을 가지고온 것을 보고 왕은 한시바삐 그 선물에 대해 알고 싶었습니다.

세사는 크기가 같은 네모 칸이 64개 그려진 판 하나를 왕 앞으로 가지고 갔지요. 그 판 위에는 한쪽은 희고 한쪽은 검은 형상 두 세트가 별다른 의미 없이 놓여 있었습니다. 그 형상들은 판 위에 대칭으로 놓여 있었고 그것들은 신기한 규칙에 따라 움직였습니다.

세사는 왕과 귀족 그리고 그곳에 모여 있던 신료들에게 게임의 목적과 필수적인 규칙에 관해 다음과 같이 차근차근 설명했습니다.

"게임을 하는 사람은 각각 졸이라고 하는 8개의 작은 형상을 가지게 됩니다. 적을 교란시키기 위해 내보내는 보병을 상징하는 것이지요. 졸들이 진행하는 것을 지원해 주는 전투용 코끼리들은 좀더 크고 힘이 센 형상이옵지요. 전투에서 절대적으로 없어서는 안 될 기병도 물론 이 게임에 등장합니다. 그것은 말처럼 다른 것들을 뛰어넘을 수 있는 형상으로 모두 2개가 있지요. 그리고 공격을 강화하기 위해 병사와 귀족이 각각 2개씩 있사옵니다. 또 다른 하나는 백성들의 애국심을 상징하는 것으로 여왕이라고 하옵니다. 이 형상은 다양하게 움직일 수 있으며 나머지 형상들에 비해서 강력하고 효율적이옵니다. 그리고 이 게임을 완성하는 마지막 하나 남은 형상은 혼자서는 할 수 있는 것이 거의 없지만 다른 것들의 지원을 받으면 매우 강력해지지요. 그것은 바로 왕이옵니다."

그 게임의 규칙에 매우 흥미를 느낀 이아다바 왕이 그것을 발명한 젊은 승려에게 질문을 했지요.

"어찌하여 여왕이 왕보다 더 강한가?"

세사가 대답했습니다. "이 게임에서는 여왕이 백성들의 마음을 상징하는 것이기 때문에 여왕이 더 강한 것이옵니다. 왕권이 지닌 최고의 권력은 백성들의 칭송으로부터 나오는 것이지요. 주위에 있는 사람들의 용맹한 희생정신 없이 왕이 어떻게 적을 무찌를 수 있겠나이까? 국가의 주권을 지키려는 그런 정신 말이옵니다."

왕은 게임 규칙을 몇 시간 만에 빨리 익혔고 훌륭한 게임 실력으로 귀족들을 물리쳤사옵니다.

세사는 틈틈이 조심스럽게 끼어들어 문제를 분명하게 짚어주거나 다른 공격술이나 방어술을 귀띔해 주었지요.

그러던 중 어느 순간 이런저런 방법으로 말을 움직이다 보니 전력배치가 다시나 전투 때와 똑같아진 것을 보고 왕은 크게 놀랐습니다.

그때 젊은 승려가 말했지요. "전하, 보십시오. 이 전투에서 이기기 위해서는 여기 있는 이 병사를 희생시킬 수밖에……."

그러면서 그는 전투가 한창일 때 선두에 두었던 바로 그 말을 가리켰던 것이옵니다. 지혜로운 세사는 왕자의 죽음은 백성들의 평화와 자유를 지키기 위해 어쩔 수 없이 요구되었던 것이라는 사실을 보여주었던 것이지요.

이아다바 왕은 이 말을 듣고 격정에 휩싸였습니다. "한 영리한 인간이 이토록 재미있고 교훈적인 게임을 고안해 냈다는 사실이 정말 믿기 어렵도다! 이 간단한 말들을 움직이면서 짐은 왕이란 백성들의 지지와 헌신이 없이는 아무 가치도 없는 존재라는 사실을 깨달았다. 또한 위대한 승리를 얻어내는 데는 한 마리 졸도 힘있는 말 하나의 희생만큼 가치있는 일이라는 것도 깨달았다."

그리고 나서 젊은 승려를 향해 말했습니다.

"친구여, 과거의 고통을 사라지게 해준 훌륭한 선물을 준 그대에게 보답하고 싶네. 내가 그대에게 해줄 수 있는 범위 안에서 원하는 것을 말해 보게. 내가 보상받을 자격이 있는 사람에게는 감사의 표시를 어떻게 하는가 보여줄 수 있도록 말이야."

세사는 왕의 관대한 제안을 받고도 마음이 흔들리는 것 같지 않았습니다. 그의 담담한 표정에는 흥분이나 기쁨, 놀라움 같은 흔적이 전혀 드러나지 않았으니까요. 젊은 승려의 담담한 표정은 사람들을 놀라게 했습니다.

그는 겸손하면서도 당당한 어조로 대답했습니다. "위대하신 왕이시여! 제가 전하께 올린 선물에 대한 보답으로 탈리가나의 왕이신 전하를 끝없는 고통에서 구해드렸다는 것을 알게 된 것으로 만족하옵니다. 그 이상 큰 선물은 없사옵니다. 그러니 소승은 이미 보상을 받았습니다. 더 이상의 상을 바란다면 지나친 것이옵니다."

선한 왕은 이 대답에 다소 기분이 상한 듯한 미소를 지었습니다. 대체로 탐욕스러운 힌두인들 사이에 그런 초연한 태도는 지극히 보기 드문 경우이기 때문이옵니다. 젊은이가 한 대답의 진실성을 믿을 수 없어 왕은 계속 보상을 고집했습니다.

"물질적인 것에 대한 자네의 무관심과 그것을 하찮게 여기는 마음이 놀랍도다. 그러나 겸손도 지나치면 불을 꺼버리는 바람과 같고 오랫동안 밤의 어둠 속에 갇혀 있던 노인의 눈을 가리는 것과 같지. 사람이 자신의 앞길에 놓인 장애물을 극복하기 위해서는 자신의 영혼을 야망 앞에 굴복시켜야 할 때도 있지. 그 야망이야말로 정해진 목표를 이룰 수 있도록 해주는 것이라네. 그러니 주저말고 그대가 여기 가져온 선물의 가치에 상응하는 보상을 선택하도록 하라. 금이 든 자루를 원하는가? 보물상자를 가지고 싶은가? 아니면 궁전은 어때? 그대가 다스릴 고을을 하나 주면 받아들이겠나? 신중히 생각해서 대답하게 임금의 명예를 걸고 말하노니 그대는 보상을 받아야 해!"

"전하의 말씀을 듣고 보니 전하의 청을 거절하는 것은 무례하다기보다 영을 거역하는 것에 가까울 듯하옵니다. 그러하오면 제가 고안한 게임에 대한 보답을 받겠나이다. 전하께서 베푸시는 은혜에 합당해야 할 것이오나 저는 금이나 땅, 궁전 같은 것은 바라지 않사옵니다. 차라리 상으로 밀을 내려주시옵소서."

"밀이라고?" 왕은 그런 엉뚱한 대답에 경탄을 금치 못했다. "어찌 그토록 미미한 것으로 보상을 할 수 있단 말인가?"

세사가 설명을 했지요. "그보다 더 간단한 것은 없사옵니다. 이 장기판에 있는 첫 번째 네모 칸에 밀 한 알을 주시고 두 번째 것에는 두 알, 세 번째는 네 알, 네 번째에는 여덟 알 등 마지막 64번째 네모 칸에 이르기까지 매 칸마다 두 배로 주실 것을 청하옵니다. 전하! 전하의 관대한 제안에 따라 제가 정하는 방식으로 밀알로 보상을 내려주시옵소서."

왕뿐 아니라 모든 귀족과 승려 그리고 그곳에 있던 모든 사람들이 그의 괴이한 청에 웃음을 터뜨렸습니다. 사실 그 젊은 승려의 청은 물질적인 것에 집착하는 사람들이라면 모두 놀랄 것입니다. 자신의 영토나 궁전을 요구할 수도 있었던 젊은 승려는 밀알 몇 알만을 원했던 것이지요.

"바보 같으니라구! 도대체 어디서 그렇게 재물에 무관심한 것을 배웠단 말이냐? 네가 원하는 보상은 어리석기 짝이 없구나. 밀알은 한줌만 쥐어도 셀 수 없을 만큼 많은데 체스판의 네모 칸 수마다 밀알을 두 배씩 늘려달라는 네 방식대로 한다면 몇 줌만으로도 네가 원하는 것보다 많이 줄 수 있을 것이다. 네가 주장하는 보상방법으로는 굶주리고 있는 이 왕국에서 가장 작은 마을을 단 며칠도 채워줄 수 없을 것이다. 허나 짐이 약속을 했으니 그렇게 하도록 하라. 정확히 네가 원하는 대로 줄 것이다."

왕은 궁전에서 가장 뛰어난 수학자들을 어전으로 불러들인 다음 젊은 세사에게 줄 밀알의 양을 계산하도록 명했습니다. 현명한 수학자들이 몇 시간에 걸쳐 열심히 계산한 끝에 대전으로 들어와 그 결과를 왕께 올렸습니다.

왕은 하고 있던 체스 게임을 중단하고 수학자들에게 물었지요. "세사가 원하는 대로 하면 밀알을 얼마나 주어야 하느냐?"

수학자들이 대답했습니다. "너그로우신 전하! 신들이 밀알의 수를 계산한 결과 인간이 상상할 수 없을 만큼의 양에 도달했사옵니다. 전하께서 세사에게 내리실 밀의 양은 밑면의 지름이 탈리가나 시와 같고 높이는 히말라야의 10배나 되는 산에 해당하는 양이옵니다. 인도의 밭 전역에 밀을 심어 20만 년을 거둬들여야 세사에게 약속한 양이 될 것이옵니다."

왕과 명망 있는 귀족들의 놀라움을 어떻게 표현할 수 있었겠사옵니까? 힌두 왕은 평생 처음 자신의 약속을 이행할 수 없다는 것을 깨달았을지도 모릅니다.

그 시대의 역사가들에 따르면 라후르 세사 같은 착한 백성이 자신의 군주를 비탄에 빠뜨리게 할 생각은 없었다고 하옵니다. 자신의 요구를 공개적으로 천명한 다음 왕을 의무로부터 해방시켜 준 세사는 군주에게 이렇게 존경을 표했사옵니다.

"전하! 현명한 승려들이 수없이 반복해서 말했던 위대한 진실을 생각해 보시옵소서! 제아무리 지능이 높은 사람이라 할지라도 때로는 겉으로 드러난 숫자에 속기 쉬우며 겸손에 묻힌 진정한 야망을 보는 눈도 멀게 되옵니다. 자신의 지능이라는 단순한 방법만으로는 측정할 수 없는 양의 빚을 떠맡는 사람은 불행합니다. 칭찬을 많이 하고 약속을 적게 하는 사람이 훨씬 현명한 것이지요!"

그리고 잠시 숨을 돌리고 나서 말을 계속했습니다.

"승려들의 공허한 학문을 통해 얻는 것은 체험을 통해 얻는 것보다 적습니다. 그런데 체험을 통해 얻는 교훈들이 얼마나 자주 과소평가되고 있는지요! 사람은 오래 살수록 도덕적인 문제로 시달리게 되는 경우가 더 많아집니다. 한순간 슬펐다가 다음 순간에는 기뻐하고, 오늘은 열렬하지만 내일은 무덤덤해집니다. 언제는 야망에 들떠 있다가 언제는 또 나태해지지요. 사람의 기분은 그렇듯 변화하는 것이옵니다. 영혼의 법칙 안에서 깨달음을 얻은 진정으로 지혜로운 사람만이 그런 문제들과 사소한 변덕스러움을 극복할 수 있사옵니다."

뜻밖에도 너무나 지혜로운 말에 왕의 영혼은 심오한 영향을 받았습니다. 젊은 승려에게 약속했던 밀알로 만든 산은 없었던 것으로 하고 왕은 세사에게 최고 귀족의 칭호를 내렸습니다.

그리고 체스 게임으로 왕을 기쁘게 하고 지혜롭고 분별력 있는 조언으로 왕에게 가르침을 주었던 라후르 세사는 더욱 강력한 왕권과 더욱 영광스러운 나라가 되길 빌며 백성들과 왕에게 축복을 내렸습니다.

체스의 기원에 대한 베레미즈의 이야기는 칼리프 알 무스타심을 매료시켰다. 왕은 수석 필경사를 불러 세사의 전설을 특별히 준비한 면포에 적은 다음 은상자에 넣어 보관하라고 명했다.

그런 다음 자비로운 군주는 셈의 도사에게 훈장을 내릴 것인지 금화 100닢을 내리는 것이 좋은지 신중히 생각했다.

"신께서는 자비로운 자들의 손을 통해 세상에 말씀하신다."

바그다드의 통치자가 보여준 그런 관대함에 사람들은 모두 기뻐했다. 대전에 있던 신료들은 비지에르 말루프와 시인 이에지드의 친구들이었다. 그들은 셈도사가 했던 말에 수긍하며 경청했고 전적으로 동감했다.

베레미즈는 왕이 하사한 선물에 감사를 드리고 대전에서 물러나왔고 칼리프는 일상 업무로 돌아가 공정한 대신들의 말을 경청하고 현명한 판단을 내렸다.

우리는 어둑어둑해질 무렵에 왕궁을 떠났다. 그때는 사반 달(Shaban Month, 이슬람력 8월―옮긴이) 초였다.

17

사과와 개미

신앙과 미신, 수와 상징, 역사가와 산술가, 90개의 사과에 대한 이야기 등 명성이 자자해진 베레미즈에게 쏟아지는 수많은 문의. 그는 모두 친절하게 답변해준다.

　　대전에서 칼리프와 첫 대면했던 잊을 수 없는
그날 이후 우리 인생은 완전히 바뀌었다. 베레미즈의 명성이 걷잡을 수
없을 정도로 높아졌던 것이다. 우리가 지내던 조촐한 여관에 든 손님들
은 쉴새없이 축하와 존경을 보냈다.

　셈도사는 매일 수십 건의 문의를 받았다. 한 세리는 한 되 안에 몇 홉
이 들어가는지, 그 둘이 한 말 안에 몇 개가 들어 있는지 알고 싶어했다.
또 한 의사는 베레미즈에게 7개의 매듭이 있는 끈으로 어떻게 열병을 고
칠 수 있는지 방법을 일러달라고 했다. 낙타 몰이꾼과 향 장수들이 악령
을 쫓아내려면 불 위를 몇 번을 뛰어넘어야 되느냐고 물었던 것은 한두
번이 아니었다. 때로는 해질 무렵 터키 군인들이 엄숙한 얼굴로 베레미
즈를 찾아와서 여러 도박 게임에서 확실히 이길 수 있는 방법을 물었던

적도 있었다. 어떤 때는 두꺼운 베일로 얼굴을 가린 여자들이 찾아와 행운이나 기쁨 또는 재물을 얻으려면 왼쪽 팔뚝에 어떤 숫자를 쓰는 것이 좋은지 자문을 구하기도 했다.

베레미즈 사미르는 그 사람들 모두를 싫은 내색 없이 친절하게 맞아주었다. 설명을 해주기도 하고 경우에 따라 조언을 해주기도 했다. 그는 무지한 사람이 믿고 있는 미신을 타파하려고 애썼고 신의 뜻에 의하면 숫자는 기쁨이나 슬픔, 마음속의 불안감과는 아무 관련도 없다는 것을 설명해 주었다.

그런 모든 상담을 하면서도 그는 아무런 대가도 기대하지 않았다. 단지 이타심에서 우러나와 해주었을 뿐이었다. 그는 어떤 돈도 받지 않았다. 부유한 시크가 자신의 문제를 해결해 준 베레미즈에게 대가를 지불하겠다고 우겼던 적이 있었다. 그는 돈자루를 받고 시크에게 고마움을 표시한 다음 그 지역의 가난한 사람들에게 그 돈을 나누어주라고 했다.

한번은 아지즈 네만이라는 상인이 숫자가 가득 적힌 종이를 한 장 움켜쥐고 찾아와 자신의 동업자를 '못 말리는 도둑'이니 '소름끼치는 승냥이 같은 놈'이니 하면서 불평을 늘어놓았다. 그것으로도 모자라 모욕적인 욕설을 계속 퍼부었다. 베레미즈는 그 남자를 진정시켰다.

"그렇게 근거 없는 판단을 내려서는 안 됩니다. 그렇게 되면 종종 진실을 볼 수 없게 되지요. 색깔이 있는 유리를 통해 사물을 보는 사람에게는 모든 것이 유리 색깔로 보이는 법입니다. 유리가 빨간색이면 모든 것들이 핏빛으로 보이겠지요. 유리가 노란색이면 모든 것이 꿀색으로 보일 것이구요. 걱정은 사람의 눈앞에 놓인 유리 같은 것입니다. 누군가가 우리를 기쁘게 하면 우리는 모든 것을 용서하고 칭찬을 하게 되지만, 우리를 불쾌하게 하는 사람이 있으면 그 사람이 하는 일은 모두 나쁘게 평가하게 되는 겁니다."

그러고 나서 그는 종이에 적힌 내용을 참을성 있게 찬찬히 들여다보고는 합계를 틀리게 만든 잘못을 찾아냈다. 아지즈는 자신이 동업자를 오해했다는 것을 깨닫게 되었다. 그는 지적이고 사려 깊은 베레미즈의 태도에 감동해서 그 날 밤 함께 시내로 산책을 나가자고 제안했다.

그는 오토만 광장에 있는 바자리크 카페에 우리를 데리고 갔다. 그곳에는 한 유명한 이야기꾼이 연기가 자욱한 방에 앉아 흥미로운 이야기로 손님들을 사로잡고 있었다.

우리는 운이 좋았다. 우리가 그곳에 도착했을때 시크 엘 메다라는 이야기꾼이 막 인사말을 끝내고 이야기를 시작하려던 참이었다. 그는 50세 가량 되어보이는 남자로 피부색이 매우 검었고 칠흙 같은 턱수염에 눈에서는 광채가 났다. 바그다드의 모든 이야기꾼들과 마찬가지로 그도 머리에 넓은 흰색 보자기를 쓰고 낙타털을 꼬아 만든 끈으로 동여매고 있었다. 그런 그의 복장은 고대의 사제 같은 위엄을 느끼게 했다. 그는 자신의 이야기에 열중하는 청중들 한가운데 앉아 크고 떨리는 목소리로 피리와 북의 반주에 맞춰 이야기를 했다. 카페에 있던 사람들은 그의 말 한마디도 놓치지 않았다. 그의 몸짓은 매우 극적이었고 목소리는 너무나 감명 깊었다. 그의 얼굴은 너무나 표정이 풍부해서 자신이 지어낸 모험들을 직접 경험한 것 같았다. 오랜 여정에 관해 이야기할 때는 지친 낙타의 느린 걸음걸이 같은 박자로 이야기했고 한 방울의 물을 찾아 다니느라 녹초가 된 베두인족의 표정을 지어 보일 때도 있었다. 때로는 완전히 절망에 빠진 사람처럼 머리와 어깨를 축 늘어뜨리기도 했다.

그가 들려주는 이야기 속에서 아랍인들과 아르메니아인, 이집트인, 페르시아인, 갈색 피부를 한 유목민인 헤자즈족들과도 만날 수 있었다. 영리하고 지적이며 감정이 풍부한 눈을 가진 그 사람, 험상궂은 얼굴 뒤에 숨겨진 풍부한 감정을 쏟아내던 그가 얼마나 존경스러웠던지! 이야기꾼은 이리저리 뒤로 갔다 가운데로 왔다 하며 손으로 얼굴을 가리기도 하고 손을 하늘로 번쩍 쳐들기도 했다. 그가 입을 벌려 이야기를 시작하는 바로 그 순간 악사들이 두두두 천둥치듯 음악을 울렸다.

그가 이야기를 마치자 우레와 같은 박수가 쏟아졌다. 그리고 손님들은 자기네들끼리 들었던 이야기 중에서 가장 극적이었던 장면에 관해 이야기를 나눴다.

아지즈 네만은 카페 안에 있던 사람들 사이에서 상당히 인기 있어 보였다. 그는 방 한가운데로 걸어가더니 아주 엄숙하고 진지한 목소리로 이야기꾼에게 말을 걸었다.

"아랍의 형제여. 오늘 밤 이곳에 그 유명한 페르시아인 수학자 베레미즈 사미르와 비지에르 말루프의 서기를 모셔왔습니다."

수백 개의 눈동자가 베레미즈에게로 쏠렸다. 카페에 모여 있던 손님들에게는 그의 존재만으로도 영광스러운 일이었다.

이야기꾼은 셈도사에게 정중하게 인사를 한 다음 목소리를 가다듬고 분명한 어조로 말했다.

"친구들이여! 내가 여러분들에게 왕과 지니, 선과 악에 관한 경이로운 이야기를 많이 해주었소이다. 저명한 수학자께서 오늘 밤 우리와 함께 자리를 하게 된 것을 기념하는 뜻에서 해답을 찾았던 적이 없는 문제가 들어 있는 이야기를 하나 해드리지요."

"그거 아주 좋은 생각이오. 아주 좋습니다." 청중들이 소리쳤다.

모든 찬미와 영광을 받으시는 알라 신의 이름 받들어 찬양을 올린 다음 이야기꾼은 이야기를 시작했다.

"옛날에 다마스커스에 딸 셋을 가진 모험심이 많은 농부가 살았지요. 하루는 그 농부가 재판관인 카디에게 자기 딸들이 지능이 높을 뿐 아니라 보기 드문 상상력을 타고 났다고 말했습니다. 질투심이 많고 인색한 카디는 농부가 자기 딸들의 재능을 지나치게 칭찬하는 것에 신경이 거슬렸습니다. 그래서 그는 이렇게 선언했지요. '자네가 딸들의 지혜로움에 대해 과장해서 이야기하는 것이 벌써 다섯 번째야. 자네 딸들을 내 방으로 불러서 자네가 떠벌리는 것만큼 영리한지 내 눈으로 직접 확인해야겠네.'

카디는 농부의 세 딸을 자기 앞으로 데려오게 했지요. 그리고 그들에게 말했습니다. '여기 너희들이 시장에 가지고 나가서 팔 사과가 90개 있다. 맏딸인 파티마는 50개를 가지고, 쿤다는 30개, 막내인 시아는 10개를 맡아라. 파티마가 7개에 1디나르를 받고 팔면 나머지 둘도 같은 값에 팔아야 한다. 만약 파티나가 한 개에 3디나르를 받으면 너희들도 똑같이 해야 할 것이다. 하지만 어떻게 하든지 사과를 다 팔아서 벌은 돈의 액수가 모두 같아야 하느니라.'

'그렇다면 제가 받은 사과를 그저 나누어주면 안 되옵니까?' 파티마가 물었어요.

'절대로 그래서는 안 되느니라.' 고약한 카디가 말했지요. '조건은 이렇다. 파티마는 반드시 50개를, 쿤다는 30개를 팔아야 하고, 시아는 나머지 10개를 모두 팔아야만 하는 것이다. 그리고 너희들은 각자에게 배당된 사과를 같은 가격에 팔아야 한다. 그리고 마지막에는 모두 수입이 똑같아야 한다는 말이다.'

물론 세 딸들이 처한 상황은 불합리한 것이지요. 어떻게 그 문제를 풀 수 있겠습니까? 그들 모두가 같은 값에 사과를 판다면 50개를 판 값이 30 개나 10개를 판 것에 비해 엄청나게 많은 액수가 될 것이니까요.

세 딸들은 그 문제를 해결할 방법을 몰라 같은 동네에 살던 한 성자를 찾아갔지요. 그 성자는 종이에 빼곡하게 계산한 다음에 이런 결론을 내 렸답니다.

'자매들이여 해답은 명백하오. 카디가 명한 대로 사과 90개를 팔면 각 자 똑같은 액수의 수입이 생길 것이오.'

그 성자는 세 자매에게 사과 90개에 관한 문제를 해결하는 데 전혀 도움이 될 것 같지 않은 방법을 일러주었지요. 그러나 자매들은 시장으 로 가서 시키는 대로 사과를 팔았습니다. 파티마가 50개, 쿤다가 30개, 시아가 10개를 모두 같은 가격에 팔았지요. 그리고 각자 정확히 같은 액 수의 수입을 올렸지요. 이것으로 이야기는 끝이 납니다. 저는 여기 계신 수학자께 성자가 그 문제를 어떻게 풀었는지 설명해 주시기를 부탁드리 겠습니다."

이야기꾼의 말이 채 끝나지도 않았는데 베레미즈가 모여 있던 손님 들을 보며 말했다.

"이야기 속에 담긴 문제는 언제나 흥미롭습니다. 수학적 논리에 입각 한 진정한 문제들이 아주 교묘하게 감춰져 있으니까요. 다마스커스의 카디가 세 자매를 괴롭혔던 문제의 해답은 다음과 같습니다.

파티마는 자신의 사과를 7개에 1디나르를 받고 팔기 시작합니다. 그러면 49개를 그 가격에 팔 수 있지요. 그리고 1개가 남습니다.

쿤다는 28개를 그 값에 팔고 2개를 남기고, 시아는 같은 값으로 7개를 팔면 3개가 남습니다.

그러면 파티마는 1개 남은 사과를 3디나르에 팔고 카디가 내려준 규칙에 따라 쿤다는 나머지 2개를 각각 3디나르에 팔게 됩니다. 그리고 시아는 나머지 3개를 각각 3디나르에 파는 것이지요.

파티마

　　1단계: 사과 49개로 7디나르

　　2단계: 사과 1개로 3디나르

　　합　계: 사과 50개로 10디나르를 번다.

쿤다

　　1단계: 사과 28개로 4디나르

　　2단계: 사과 2개로 6디나르

　　합　계: 사과 30개로 10디나르를 번다.

시아

　1단계: 사과 7개로 1디나르

　2단계: 사과 3개로 9디나르

　합　계: 사과 10개로 10디나르를 번다.

따라서 세 자매는 각각 10디나르를 벌었고 그들의 재능을 부러워하던 다마스커스의 카디가 냈던 문제는 그런 식으로 해결되었던 겁니다.”

알라신이여 남을 괴롭히는 이를 벌하시고 선한 이들에게 상을 내리소서!

그러자 시크 엘 에다는 베레미즈가 제시했던 해답에 기쁨을 감추지 못하며 손을 하늘로 들어올리며 찬양했다.

“무함마드의 재림을 걸고 말하노니 이 젊은 수학자는 진정한 천재로다! 이 분은 내가 만났던 사람들 중에 처음으로 카디의 문제를 복잡하게 설명하지 않고 완벽하게 해결한 분이오!”

카페에 모여 있던 수많은 사람들이 하나가 되어 시크가 찬양하는 것에 합세했다.

“브라보! 알라신이여, 이 젊은이에게 상을 내리소서!”

시끌벅쩍하던 군중들을 진정시킨 다음 베레미즈는 말을 계속했다. "친구들이여. 저는 현자라는 영예로운 이름을 받을 자격이 없다는 것을 분명히 밝혀두고 싶습니다. 단순히 무지를 깨우쳐 주었다고 해서 현명한 사람이라고 할 수는 없는 것이지요. 신의 학문과 견주어볼 때 인간의 학문이 무슨 가치가 있겠습니까?"

그 말에 누가 미처 대답도 하기 전에 베레미즈는 다음과 같은 이야기를 시작했다.

"옛날에 개미가 한 마리 있었습니다. 그 개미는 땅 위를 기어가다 설탕 더미를 만나게 되었지요. 설탕을 발견한 개미는 매우 기뻐하며 설탕 더미에서 한 알갱이를 꺼내 개미집으로 가져갔습니다. '이게 뭐지?'라고 동료 개미들이 물었습니다. 개미는 으쓱해서 대답했지요. '이것은 설탕산이야. 길을 가다가 발견했는데 너희들에게 주려고 집으로 가져왔어.'"

그리고 베레미즈는 평소 침착하던 성격과 달리 흥분하며 덧붙였다. "이것은 오만한 지혜입니다. 설탕 한 알갱이를 발견하고는 그것을 산이라고 부르다니요. 학문은 거대한 설탕의 산이며 우리는 그 산의 부스러기만 보고 만족하는 것이지요."

그리고 나서 지극히 단호한 어조로 말했다. "인류에게 유일한 학문은 신에 관한 학문밖에 없습니다."

예멘에서 온 선원이 물었다. "오, 위대하신 수학자시여. 신의 학문이란 무엇인가요?"

"신의 학문은 친절과 자비이지요."

그 순간 나는 시크 이에지드의 정원에서 새를 풀어줄 때 텔라심이 읊었던 아름다운 시가 떠올랐다.

내가 인간의 말을 하고
천사의 말을 한다 해도
자비심이 없다면
나는 울리는 징,
쟁그랑거리는 심벌즈와 같다네
　　나는 아무것도 아니라네
　　나는 아무것도 아니라네

한밤중이 되어서야 우리는 카페를 나왔다. 몇몇 사람들이 가져왔던 등불을 들고 캄캄한 밤의 꼬불꼬불한 골목길을 동행했음에도 우리는 곧 길을 잃고 말았다. 나는 하늘을 올려다 보았다. 어둠 속 저 높은 곳 밝게 빛나는 별들 가운데서 항상 눈에 띠는 천랑성이 환하게 빛을 발하고 있었다.

오, 알라신이시여!

18

위험한 진주

인도 왕자 마하라자를 만나 힌두의 과학이 세계 수학사에 차지하는
중요성을 찬양한다. 그리고 아름답고 슬픈 릴라바티의 진주 이야기
를 통해 수학자 바스카라의 부성애를 돌아본다.

다음날 이른 시각에 이집트인 하인이 이에지드의 편지를 들고 우리 여관으로 찾아왔다.

"수업을 하기에는 너무 이른데. 학생이 벌써 공부할 준비가 된 것은 아니겠지?" 베레미즈는 조용히 물었다.

이집트인 하인은 시크께서 수학 수업 전에 베레미즈를 친구들에게 소개하고 싶어 하신다며 우리더러 가능한 한 빨리 궁으로 들어와야 수업에 지장이 없을 것이라고 했다.

이번에는 조심하느라고 힘이 세고 책임감 있는 흑인 노예 세 명을 데리고 갔다. 시기심에 가득 찬 위험 인물, 타라 티르가 가는 도중에 베레미즈를 죽이려고 할 가능성이 매우 높았다. 베레미즈는 그가 증오하는 경쟁 상대였다.

가는 도중에 아무 일도 일어나지 않았고 우리는 한 시간 후에 시크 이에지드의 호화스러운 궁전에 도착했다. 이집트인 하인은 끝없이 이어지는 복도를 지나 화려하게 꾸며진 접견실로 우리를 안내했다. 나는 느닷없이 우리를 불러들인 것에 약간 불만스러웠으나 묵묵히 그를 따라갔다.

그곳에는 텔라심의 아버지가 시인과 학자에 둘러싸여 있었다.

"평화가 있기를!"

우리는 인사를 나눴다. 주인은 매우 친절하게 자리에 앉기를 권했다. 우리는 부드러운 비단 방석 위에 자리를 잡았다. 흑인노예가 과일과 빵, 장미수를 가져다주었다.

나는 손님 가운데 한 명이 외국인이라는 것을 알 수 있었다. 그는 보기 드물게 화려한 차림이었다. 제노바산 흰 실크 상의에 보석이 달린 푸른색 어깨띠를 두르고 사파이어와 청금석이 박힌 멋진 단도를 차고 있었다. 터번은 핑크색 비단으로 검정실과 진귀한 보석으로 장식을 했다. 섬세한 손가락에 낀 정교한 반지가 빛을 발하며 그의 올리브색 피부를 강조했다.

시크는 베레미즈를 '훌륭한 수학자'라고 불렀다. "누추한 집으로 갑자기 모이라고 해서 놀랐을 것이오. 그러나 명성이 자자한 라호르와 델리의 군주 클루지르 엘 딘 무바렉 샤 왕자를 배알하라고 그런 것이니 이해해 주시게."

베레미즈는 머리를 숙여 보석 박힌 어깨띠를 두르고 있던 젊은 사람에게 절을 했다. 그는 인도의 왕자 마하라자였다.

우리 여관에 묵고 있던 외국인들에게 그 왕자가 훌륭한 회교도가 되기 위해 반드시 거쳐야 할 조건을 갖추기 위해 인도의 풍요로운 영토를 떠나왔다는 소문을 익히 들어 알고 있었다. 이슬람교의 진주인 메카로 순례여행을 하고 있는 중이었던 것이다. 그는 바그다드에서 며칠을 보내고 있었는데 곧 성스러운 도시, 메카를 향해 수많은 하인과 대신들을 데리고 갈 것이었다.

시크 이에지드는 말을 계속했다.

"클루지르 샤 왕자께서 문제를 하나 내셨는데 그대가 도와주기 바라네. 힌두인들이 수학 발전에 기여한 바가 무엇이며 이 학문에 현저한 공을 세운 인도의 기하학자가 누구인가 하는 문제라네."

"자비로우신 시크 나으리! 나으리께서 제게 내리신 과제는 지식과 신중함 두 가지 모두를 필요로 하는 것이옵니다. 지식이란 학문의 역사에 관해 자세히 아는 것이옵고 신중함이란 문제를 식별하는 능력을 가지고 문제를 분석하고 평가하는 데 필요한 것이지요. 그러나 나으리께서 원하신다면 그 아무리 사소한 것이라 할지라고 제게는 받들 의무가 있나이다. 클루지르 샤 왕자께 드리는 작은 경의의 표시로 여기 모이신 귀한 분들께 갠지스 강 유역 국가의 수학 발전에 관해 제가 알고 있는 것을 말씀

드리겠습니다."

"무함마드께서 태어나시기 9세기에서 10세기 전쯤 인도에 아파스탐
바라는 뛰어난 승려가 살았습니다. 이 현자는 승려들에게 제단을 세우고
사원을 설계하는 것을 가르치려고 《술바수트라(Sulbasutra)》라는 책을 썼
지요. 그 책에는 수학에 관한 공식들이 수없이 많이 들어 있었습니다. 그
렇다고 그 책이 피타고라스 이론의 영향을 받았다고 하기는 어렵습니다.
그 현자는 그리스의 연구방식을 따르지 않았으니까요. 하오나 그의 책에
는 건축에 관련된 다양한 이론과 규칙이 들어 있었습니다. 제단을 짓는
것을 보여주기 위해 아파스탐바는 세 변의 길이가 각각 39, 36, 15인 직각
삼각형을 그리라고 합니다. 그리고 그 문제를 푸는데 그리스의 피타고라
스가 발견한 것으로 알려진 정리를 응용합니다.

빗변에 그려진 정사각형의 넓이가 나머지 두 변에 그려진 정사각형의

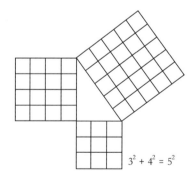

$$3^2 + 4^2 = 5^2$$

의 넓이와 일치하는 것이지요."

그리고 베레미즈는 경청하고 있던 시크 이에지드를 향해 다음과 같이 말했다.

"이 유명한 정리를 도형을 이용해서 설명하면 더 쉬울 것이옵니다."

시크 이에지드는 하인들에게 신호를 보냈다. 잠시 후 노예 두 명이 커다란 모래 상자를 들고 들어왔다. 왕자를 위해 부드러운 모래 위에 숫자와 계산 내용을 보여주기 위해서였다. 베레미즈는 대나무 막대기로 도형을 그렸다.

"여기 직각 삼각형이 하나 있습니다. 가장 긴 변을 빗변이라고 합니다. 자, 이제 각각의 세 변을 한 변으로 하는 정사각형 세 개를 보겠습니다. 그러면 빗변에 그려진 큰 사각형이 다른 두 사각형의 합과 같다는 것을 증명할 수 있으며 피타고라스의 정리가 사실이라는 것도 함께 증명되는 것이지요."

왕자는 그 같은 정리가 모든 삼각형에 똑같이 적용되는지 물었다.

베레미즈는 질문에 진지하게 대답했다. "이 정리는 모든 직각삼각형에 항상 적용되는 사실입니다. 저는 피타고라스의 법칙은 영원한 진리를 나타낸다고 자신 있게 말씀드릴 수 있습니다. 태양이 세상을 비추기 이전부터, 또 우리가 숨쉬는 공기가 생기기 전부터 빗변에 면한 사각형의 넓이는 다른 두 변에 면한 사각형을 합한 넓이와 같았습니다."

베레미즈의 설명에 매료된 왕자는 시인 이에지드에게 다정하게 말을 했다.

"보시게. 기하학이 얼마나 멋진 것이며 얼마나 특별한 학문인가! 그 것을 통해 우리는 가장 미천하고 생각이 없는 사람들도 감동시킬 만한 두 가지 교훈을 얻었소이다. 명료함과 단순함 말이요."

그러고는 왼손으로 베레미즈의 어깨를 가볍게 쓰다듬으며 물었다.

"이 그리스의 정리가 아파스탐바의 《술바수트라》에도 나온단 말인가?"

"그렇사옵니다. 전하! 피타고라스의 정리라고 부르는 것을 약간 다른 형태로 술바수트라에서 찾을 수 있사옵니다. 승려들은 피타고라스의 정리를 이용하여 직사각형을 구하고 신전을 세우는 법을 아파스탐바의 책을 통해 배웠던 것이지요."

"인도에서 나온 것으로 산수에 관련된 다른 우수한 저서들이 있을까?"

"상당히 많이 있사옵니다." 베레미즈가 대답했다. "그중에 작자 미상인 《수나 시다우타(Suna Sidauta)》라고 하는 뛰어나지만 이상한 저서를 들 수 있습니다. 그 책에서는 십진법을 지배하는 법칙을 매우 단순하게 세우고 수학자들에게 매우 중요한 '영(zero)'에 관해 설명하고 있사옵니다. 그에 못지 않게 중요한 것으로 오늘날 수학자들의 존경을 받고 있는 두 승려가 쓴 저서가 있습니다. 그 현자들은 아리아바타와 브라마굽타라고 합니다. 아리아바타의 정리는 네 부분으로 나뉘어져 있지요. 천체의 조화, 시간과 측량, 공간, 그리고 계산학의 요소들이옵니다. 아리아바타의 저서에서는 적지 않은 오류를 찾아볼 수 있습니다. 예를 들어 바닥면적의 2분의 1과 높이를 곱해서 피라미드의 부피를 얻을 수 있다고 가르치지요."

"그러면 그것이 사실이 아니란 말인가?" 왕자가 물었다.

"완전히 틀리옵니다. 피라미드 부피를 구하려면 바닥 면적의 2분의 1이 아니라 3분의 1과 높이를 곱해야 하옵니다."

왕자의 옆에는 회색 턱수염 사이사이에 붉은 털이 보이는, 키가 크고 마른 사람이 앉아 있었다. 차림새는 부유해 보였는데 외모로 보아 힌두교도 같아 보이진 않았다. 나는 호랑이 사냥꾼이 아닌가 했는데 잘못 본 것이었다. 메카로 순례여행을 가는 왕자를 수행하는 힌두교 천문학자였다. 그는 푸른색 터번을 다소 요란스럽게 세 번이나 둘렀다. 그의 이름은 사두 갱이었고 베레미즈의 말에 지대한 관심을 가지고 있는 것 같았다.

천문학자인 사두는 적당한 틈을 타서 논쟁을 벌여보려고 마음먹었다. 그는 어색한 외국인 억양이 섞인 말투로 베레미즈에게 물었다.

"인도의 기하학이 별의 비밀과 천체의 심오한 신비를 알고 있는 한 현자에 의해 연구되었다는 것이 사실이오?"

베레미즈는 잠깐 생각에 잠기더니 대나무 막대기를 들고 모래상자의 표면을 쓸어내고 한 사람의 이름을 적었다.

학식 높은 바스카라

그리고 그는 진지하게 말했다. "이것은 인도에서 가장 유명한 기하학자의 이름입니다. 바스카라는 별들의 비밀에 관해 알고 있었고 천체의 깊은 신비를 연구했습니다. 그는 무함마드 탄생 후 5세기 때 데칸주의 비돔에서 태어났지요. 그의 첫 저서는 《비자가니타(Bijaganita)》라고 합니다."

"《비자가니타》라구?" 푸른 터번을 쓴 남자가 말했다. "비자는 씨앗을 뜻하고 가니타는 고대 방언 가운데 하나로 '수를 세다' 혹은 '측량하다' 라는 뜻인데."

"바로 그겁니다." 베레미즈는 고개를 끄덕였다. "그 제목을 가장 잘 번역하자면 '씨앗을 세는 기술'이지요. 바스카라는 《비자가니타》이외에도 《릴라바티(Lilavati)》라는 다른 유명한 작품도 썼습니다. 아시다시피 그것은 그 딸의 이름이지요."

푸른색 터번을 쓰고 있던 천문학자가 말을 잘랐다. "《릴라바티》에 관한 전설이 있다고 하는데 그것을 아시오?"

"물론 알고 있지요." 베리미즈가 대답했다. "왕자께서 허락하신다면 제가 이야기를 해드릴 수도 있습니다만……."

"허락하고 말고." 라호르의 왕자가 기꺼이 동의했다. "릴라바티의 전설을 들어보도록 합시다. 대단히 흥미로운 이야기일 것이라 확신하오."

그때 시크 이에지드가 신호를 보내자 대여섯 명의 노예가 방으로 들어와 손님들에게 속을 채운 꿩고기와 밀크 케이크, 과일을 비롯해서 음료수 등을 돌렸다. 사람들은 맛있는 식사를 끝내고 의례적인 세정식을 마친 후 셈도사에게 이야기를 시작할 것을 청하였다.

베레미즈는 머리를 들어 그곳에 모인 사람들을 모두 둘러본 다음 말을 시작했다.

"인자하시고 지혜로우신 알라신의 이름 받들어 이야기를 시작하겠습니다. 유명한 기하학자인 현자 바스카라에게는 릴라바티라고 하는 딸이 하나 있었습니다. 그 딸이 태어나자 하늘에 자문을 구했습니다. 별자리 모양을 보니 그녀는 젊고 멋진 남자들의 사랑을 놓쳐버리고 평생을 독신으로 지낼 운명이었습니다. 바스카라는 그런 딸의 운명을 받아들일 수 없어 당시에 가장 유명했던 천문학자를 찾아가서 물었습니다. '어떻게 하면 상냥한 릴라바티가 남편감을 찾아 행복한 결혼을 할 수 있겠습니까?'"

"한 천문학자가 바스카라에게 딸을 데리고 바닷가에 있는 드라비라 주로 가라고 조언을 해주었습니다. 드라비라에는 돌을 깎아 만든 사원이 있었는데 그 사원 안에는 손에 별을 쥐고 있는 부처님 상이 있었다고 합니다. 그 천문학자는 딸이 드라비라에 가야만 남편감을 찾을 수 있다고 맹세했지요. 단 정해진 날 정해진 시간에 결혼식을 올려야만 행복한 결혼생활을 할 수 있다고 했습니다.

다행히 릴라바티는 근면하고 정직하며 지위 높은 부유한 젊은이의 구혼을 받게 되었습니다. 혼인날짜와 시간이 정해지고 친구들이 결혼식을 보러 함께 왔습니다.

힌두교인들은 물을 채운 병에 원통을 넣고 그것으로 시간을 정하지요. 원통의 윗부분은 뚫려 있고 바닥 한가운데 작은 구멍이 하나 있습니다. 그 구멍으로 물이 서서히 올라가면서 원통에 물이 채워지는 것이지요. 그리고 미리 정해둔 시간에 맞춰 물이 완전히 차면 원통은 병 속으로 가라앉게 되옵니다.

바스카라는 시간을 나타내는 원통을 아주 조심스럽게 병 속에 넣고 표시한 곳까지 물이 도달하기를 기다렸습니다. 하오나 그의 딸은 다른 여자들처럼 호기심을 참지 못해 원통에 물이 차오르는 것을 보려고 그 위로 몸을 구부렸답니다. 그런데 불행히도 그녀의 드레스에 붙어 있던 진주 한 알이 떨어져서 병 속에 퐁당 빠지고 말았지요. 그 진주는 물의 압력에 밀려 원통에 뚫린 작은 구멍을 막아버렸습니다. 별 점을 보고 나서 신랑과 하객들은 결혼식 날짜를 다시 잡으려고 다들 돌아갔지요. 그로부터 몇 주 후 릴라바티에게 청혼했던 그 젊은 귀족은 온데간데 없이 사라져 버렸고 바스카라의 딸은 평생 처녀로 살게 되었다고 합니다.

운명에 맞서 싸우는 것이 헛된 일이라는 것을 깨달은 현명한 바스카라는 딸에게 말했지요. '나는 네 이름이 영원히 기억될 책을 쓸 것이다. 그리고 너의 불운한 결혼을 통해 태어났을 자식들이 살아 있는 시간보다 더 오랫동안 사람들의 기억 속에 살아 있게 될 것이야.'

바스카라의 책은 대단한 명성을 얻게 되었습니다. 그리고 릴라바티라는 이름은 수학의 역사 속에 영원히 사라지지 않고 계속 살아 있게 된 것이지요. 그런데 수학자들은 십진법과 정수의 계산법에 관한 방법론적 예시를 릴라바티라고 부릅니다. 이는 네 가지 연산작용, 즉 제곱, 세제곱, 그리고 제곱근의 풀이에 관한 깊은 연구에서 임의의 수의 세제곱근에 대한 연구로 이어집니다. 그 다음에는 분수를 다루는데, 이때 공통분모를 구하여 계산하는 유명한 법칙인 통분법을 이용하여 분수식의 계산을 알려줍니다. 이런 문제들을 확실히 설명하기 위해서 바스카라는 우아하면서 낭만적이기까지 한 방식을 사용했던 것이옵니다."

"그의 책에 실린 내용을 하나 예를 들어보겠나이다.

사랑하는 릴라바티야, 네 두 눈은 온순한 사슴처럼 푸근하구나
내게 말해주렴 135와 12를 곱하면 무슨 수가 나오는지를.

그 책에 실린 또 다른 재미있는 문제는 벌떼를 둘러싸고 일어나는 계산에 관한 것이옵니다.

벌떼의 5분의 1이 카담바 꽃에 앉아 쉬려고 왔다가
그중 3분의 1은 실린다 꽃에 앉았네.
그 두 수의 차이의 세 배가 되는 벌이 크루타자 꽃으로 날아 갔고
벌 한 마리만이 재스민 꽃과 그 향기에 반해 공중에 남았네.
아름다운 내 딸아, 말해주렴. 벌떼 속의 벌은 모두 몇 마리인지를.

그 문제에 대한 답은 15이옵니다. 바스카라는 자신의 책에서 아무리 어려운 문제라 해도 생생하게 아니 한 걸음 더 나아가 매력적으로 표현할 수 있다는 사실을 보여주고 있사옵니다."
그리고 베레미즈는 모래상자 위에 계속 그림을 그려가며《릴라바티》에서 인용한 수많은 신기한 문제들을 라호르의 왕자에게 보여주었다.
가엾은 릴라바티!
그 불행했던 처녀의 이름을 부르며 나는 이런 시구가 떠올랐다.

바다가 지구를 에워싸듯
사랑스런 여인이여,
그대도 그 끝없이 깊은 눈물의 바다로
세상 사람들의 마음을
에워싸고 있다오.

19

선원의 선택

클루지르 샤 왕자는 셈도사의 지혜를 칭송한다. 베레미즈는 세 명의 선원에 관한 문제를 풀고 신비한 베일에 싸인 메달의 비밀까지 푼다.

베레미즈는 힌두의 과학과 그것이 세계 수학사에서 차지하는 위상을 찬양함으로써 클루지르 샤 왕자에게 깊은 인상을 주었다. 젊은 군주는 셈도사를 매우 지혜로울 뿐 아니라 100명의 브라만에게 바스카라의 대수학을 가르치고도 남을 실력이 있는 사람이라고 칭찬했다.

왕자는 계속해서 이렇게 말했다.

"드레스에 붙었던 진주 한 알 때문에 신랑을 잃었던 불행한 릴라바티에 관한 이야기는 참으로 흥미로웠다네. 셈도사가 명쾌하게 설명했던 바스카라의 문제들은 수학에 관련된 책에서 흔히 놓치는 시적인 정신까지 알려주었지. 그러나 유감스럽게도 명성이 자자한 셈도사가 유명한 세 명의 선원에 관한 문제는 언급하지 않았다네. 그 이야기는 수많은 책에서 찾아볼 수 있는데 문제의 해답은 지금까지 한 번도 밝혀진 적이 없었지.”

“위대하신 전하, 제가 그 문제를 언급하지 않았던 것은 단순한 이유에서이옵니다. 그 문제에 관해서는 희미하게밖에 알지 못할뿐더러 어렵기로 소문나 있었기 때문이지요.”

“내가 그 문제에 관해 잘 알고 있소. 대수학자들이 심혈을 기울여 풀어보려고 애썼던 문제를 여기서 다시 한 번 말할 수 있다면 영광일 것이오.”

그러고 나서 클루지르 샤 왕자는 다음과 같은 이야기를 해주었다.

“세렌디브에서 각종 향신료를 싣고 돌아오던 배 한 척이 갑자기 심한 풍랑을 만나 암초에 부딪혔다네. 세 명의 용감한 선원이 없었더라면 그 배는 심한 파도로 인해 침몰하고 말았을 텐데 그 선원들은 풍랑 한가운데서 탁월한 솜씨로 돛을 조작했지.

그 배의 선장은 용감한 세 선원에게 200닢에서 300닢 사이의 동전을 상으로 주었어. 선장은 동전을 궤짝에 넣어 다음날 배가 항구에 닿으면 세리가 와서 세 명의 선원에게 공정하게 분배할 수 있게 해두었다네.

그런데 그 날 밤 세 명 중 한 명이 잠에서 깨어 이런 생각을 했어. ‘지금 내 몫을 가지고 오는 것이 나을 거야. 그러면 다른 두 친구와 돈을 놓고 실랑이를 벌이지 않아도 될 테니까.’ 그는 다른 두 선원에게는 아무 말도 하지 않고 자리에서 일어나서 궤짝을 찾았다네. 그는 돈을 세 무더기로 나누었으나 똑같이 나누어지질 않았지. 동전 하나가 계속 남았던

거야. 그래서 그는 이런 생각을 했지. '이 망할 놈의 동전 하나 때문에 내일 아침 우리가 분명 실랑이를 벌이게 될 테니 내다버리는 게 낫겠어.' 그리고 그는 그것을 바다 속으로 던져버리고는 조용히 다시 잠자리로 돌아갔다네. 자기 몫은 가져가고 나머지 두 명의 몫은 궤짝에 남겨두었던 거지.

한 시간 후, 두 번째 선원이 첫 번째 선원과 같은 생각으로 궤짝이 있는 곳으로 가서 다른 친구가 이미 자기 몫을 챙겨 갔던 것도 모르고 남아 있는 돈을 똑같이 셋으로 나눴다네. 그런데 동전 한 닢이 또 남는 것이야. 아침에 다툼이 벌어지는 것을 피하려고 두 번째 선원도 첫 번째 선원이 했던 것과 똑같이 남은 동전을 바다 속으로 던져버렸어. 그러고는 정당한 자신의 몫이라고 생각하는 돈을 가지고 침대로 돌아갔지.

세 번째 선원도 똑같은 생각을 했어. 다른 두 동료가 이미 저질렀던 일을 전혀 모르는 채 그는 아침 일찍 일어나 궤짝이 있던 곳으로 가서 돈을 삼등분했지. 나누고 나니 또다시 동전 한 닢이 남았고 그도 역시 동전을 바다 속으로 던져버렸다네. 그리고 나서 세 번째 선원은 자신의 몫인 3분의 1을 가지고 기쁜 마음으로 자기 침대로 돌아갔지.

다음 날 아침 배가 항구에 닿자 세리가 궤짝에서 꺼낸 돈은 한 줌밖에 되지 않았지. 그는 동전을 똑같이 3등분해서 세 명의 선원에게 나누어주었다네. 그런데 또 나눗셈이 딱 떨어지질 않았어. 그래서 동전 한 닢이 남았고 세리가 그것을 자신의 수고비로 받아갔다네. 물론 세 명 중 누구도 불평을 하지 않았어. 각자 정당한 자신의 몫을 이미 받았다고 생각했으니까 말일세."

"그럼 이제 문제를 말해주겠네. 처음에 그 궤짝에 동전이 몇 개나 들어 있었을까? 그리고 선원들 각자가 받은 동전은 몇 개나 될까?"

셈도사는 왕자의 이야기가 그곳에 모여 있던 귀족들에게 대단한 관심을 불러일으키게 한 것을 보고 그 문제에 대한 완전한 설명과 해답을 제시해야겠다고 작정하고는 이렇게 말했다.

"전하께서 말씀하신 대로 동전의 수가 200닢에서 300닢 사이라면 첫 번째 선원이 나누기 전에 분명히 241닢이 있었습니다.

그런데 첫 번째 선원이 그것을 3등분했고 한 개를 바다 속으로 던져버렸으니까

$$241 \div 3 = 80 \ 나머지 \ 1$$

그는 자신의 몫인 3분의 1을 가지고 침대로 돌아갔고 궤짝 안에는

$$241 - (80 + 1) = 160$$

그런 다음 두 번째 선원이 궤짝에 남아 있던 동전 160개를 셋으로 나누고 1개가 남아 바다 속으로 던졌으니까

$$160 \div 3 = 53 \text{ 나머지 } 1$$

그도 자신의 몫인 3분의 1을 주머니에 넣고 침대로 돌아갔지요. 따라서 궤짝에는 아래와 같이 남아 있었습니다.

$$160 - (53 + 1) = 106$$

세 번째 선원이 106개의 동전을 3등분해서 한 개가 남자 그것을 바다 속으로 던져버렸으니까

$$106 \div 3 = 35 \text{ 나머지 } 1$$

그리고 그는 자신의 몫 3분의 1을 가지고 갔고 궤짝 안에는

$$106 - (35 + 1) = 70$$

이 남아 있었던 것이지요.

이것이 배가 항구에 정박해서 선장의 지시에 따라 세리가 동전을 3등분하고 1개가 남았던 그 동전들의 수이옵니다.

$$70 \div 3 = 23 \text{ 나머지 } 1$$

세리는 선원 각자에게 동전 23개씩 나눠주었고 나머지 1개를 자신이 가졌던 것이지요. 따라서 원래의 동전 241개가 다음과 같이 나누어졌던

것입니다."

첫 번째 선원	80 + 23	=	103
두 번째 선원	53 + 23	=	76
세 번째 선원	35 + 23	=	58
세리			1
바다			3
합 계			241

베레미즈는 문제를 다 풀고 난 후 입을 다물었다.

라호르의 왕자는 호주머니에서 은메달을 꺼내 셈도사를 바라보며 말했다.

"세 명의 선원에 관한 문제의 해답을 간단명료하게 찾아준 것을 보니 자네는 그보다 훨씬 더 복잡한 수학 문제를 풀 수 있는 능력이 있을 것 같네.

이 메달은 내 조부께서 통치하실 때 살았던 한 신앙심이 깊은 예술가가 조각한 것인데 조각한 사람이 수수께끼를 하나 새겨놓았다네. 그런데 지금까지 어떤 마술사나 천문학자도 풀지 못했지. 메달의 한쪽에는 숫자 128이 7개의 작은 루비로 싸여 있고 반대쪽에는 네 부분으로 나뉘어져서

$$7, 21, 2, 98$$

이라는 숫자가 새겨져 있지.

보다시피 그 수들의 합이 128이 되는데 그것을 네 개로 나누어놓은 것이 무슨 특별한 의미가 있는 것일까?"

베레미즈는 왕자의 손에 있던 메달을 집어들었다. 그는 한참 동안 아무 말 없이 살펴보더니 다음과 같이 말했다.

"전하. 이 메달은 신비주의 수에 심취한 사람이 조각한 것이옵니다. 고대인들은 어떤 특정한 숫자가 마력을 지니고 있다고 믿었지요. 3은 신을 상징하는 것으로, 7은 성스러운 숫자로 여겼습니다. 숫자 128을 에워싼 7개의 루비는 조각가가 128이라는 숫자와 7이라는 숫자의 관계에 매료되어 있었다는 것을 나타냅니다. 128이라는 숫자는 모두 알다시피 7개의 2를 곱한 수입니다.

$$2 \times 2 \times 2 \times 2 \times 2 \times 2 \times 2$$

128은 또 네 부분으로 나누어질 수도 있습니다.

$$7, 21, 2, 98$$

이것은 다음의 요소들을 나타내옵니다. 첫 번째 수에는 7을 더하고, 두 번째 수에서는 7을 빼고, 세 번째에는 7을 곱하고 네 번째는 7로 나누면 결과가 똑같이 나오게 되지요.

$$7 + 7 = 14$$
$$21 - 7 = 14$$
$$2 \times 7 = 14$$
$$98 \div 7 = 14$$

이 메달은 분명히 부적으로 사용되었을 것이옵니다. 성스러운 수로 여겨지는 7을 기본으로 하는 숫자들의 관계가 들어 있기 때문이지요."

라호르의 왕자는 베레미즈의 설명에 매료되었다. 그는 상으로 메달 뿐 아니라 금화 한 자루까지 주겠다고 했다. 왕자는 관대하고 후한 사람이었다.

그러고 나서 우리는 대접견실로 줄지어 들어갔다. 시크 이에지드는 그곳에서 손님들에게 훌륭한 연회를 베풀었다. 베레미즈의 명성은 나날이 높아졌고 미천한 출신 배경을 감안할 때 그가 기대 이상으로 높은 지위를 차지할 자격이 있다는 사실이 입증되고 있었다.

손님 가운데 일부는 그의 승승장구에 유감의 빛을 감추지 못했다. 나는 전혀 영향력이 없었으니 아무도 개의치 않았다.

20

10의 위력

텔라심과 두 번째 수업을 하다. 수개념, 기수법, 십진법, 영(zero)에 대하여, 그리고 오마르 카얌의 말을 빌어 수와 숫자의 기원에 대해 대화를 나눈다.

식사가 끝나자 시크 이에지드의 신호를 받고 셈도사는 자리에서 일어났다. 보이지 않는 학생이 그의 두 번째 수업을 기다리고 있었던 것이다.

　　왕자와 함께 있던 시크들에게 물러나겠다고 고한 다음 베레미즈는 한 노예의 안내를 받아 수업을 위해 따로 마련된 방으로 갔다. 나도 일어나서 그와 함께 갔다. 시크 이에지드에게 수업에 참관해도 좋다고 허락받았기 때문에 나는 그 혜택을 충분히 누리고 싶었다.

　　손님들 가운데 시크의 집안과 친분이 있는 도레이드라고 하는 문법학자가 있었는데 그도 수업을 참관하고 싶다고 했다. 그도 왕자에게 물러나겠다고 고한 다음 우리를 따라왔다. 그는 표정이 풍부하고 섬세한 얼굴에 명랑한 성품을 지닌 중년 남자였다.

우리는 페르시아 카펫이 깔린 우아한 복도를 지나 놀라울 정도로 미모가 출중한 체르케스인 노예를 따라 수업을 하기로 되어 있는 방에 도착했다. 며칠 전에는 붉은색 카펫으로 텔라심을 가려놓았는데 이번에는 중앙에 별이 그려진 칠각형 무늬가 있는 푸른색 카펫이었다.

문법학자 도레이드와 나는 정원을 향해 열린 창문 옆, 한쪽 구석에 가서 앉았다. 베레미즈는 첫 시간 때와 같이 방 한가운데 있는 큼직한 비단 방석에 자리를 잡았다. 그의 옆에 있는 작은 흑단 탁자에는 코란이 한 권 놓여 있었다. 우리를 안내했던 체르케스인 노예와 부드럽고 생글거리는 눈매를 한 페르시아인 노예가 문 옆에 서 있었다. 텔라심의 개인 호위를 맡고 있는 이집트인 노예는 기둥에 몸을 기대고 서 있었다.

기도를 마치고 베레미즈는 수업을 시작했다.

"우리는 수의 개념이 최초로 생겨난 것이 언제인지 모릅니다. 이를 연구하는 학자들은 과거의 장막에 가려진 아스라이 먼 시간까지 거슬러 올라가지요.

수의 진화 과정을 연구하는 그들은 원시인들의 지능에도 수감각이라고 할 수 있는 특별한 기능이 있다는 사실을 밝혀내고 있지요. 그런 기능을 통해 우리는 순수한 시각적인 방법을 통해 사물의 증가와 감소를 알수 있는 것입니다. 다시 말하면 수적인 변화의 유무를 알게 된다는 말이지요.

수감각을 계산 능력과 혼돈해서는 안 됩니다. 인간의 지능에 의해서만 우리가 수감각이라고 부르는 추상적인 수준까지 도달할 수 있으니까요. 계산능력은 많은 동물 사이에서도 관찰되고 있답니다. 예를 들어 어떤 새들은 둥지에 남겨 둔 알이 두 개인지 세 개인지 구별할 정도의 계산능력이 있지요. 또 벌 중에는 5와 10의 차이를 구별할 줄 아는 것도 있답니다.

북아프리카의 부족민들은 무지개의 모든 색깔을 알고 각각의 색을 지칭할 줄은 알지만 색깔을 나타내는 이름은 없지요. 마찬가지로 많은 원시언어들은 1, 2, 3 등과 같은 수를 나타내는 단어들은 있지만 수라는 단어를 따로 가지고 있질 않습니다."

"그럼 수 개념은 어디서 왔나요?"

"그건 모릅니다, 아가씨. 베두인족 한 명이 사막에서 저 멀리 천천히 움직이는 대상의 무리를 보고 있습니다. 낙타는 짐과 사람을 싣고 다가옵니다. 낙타가 몇 마리나 될까요? 그런 질문에 대한 대답은 숫자로 나타낼 수가 있지요. 40마리일까요? 아니면 100마리? 대답을 하려면 그 베두인 사람은 뭔가 특별한 활동을 해야 합니다. '셈'을 해야 하는 것이지요. 셈을 하기 위해서 그는 연속하는 대상을 각각 어떤 특정한 기호와 연결시켜야 합니다. 하나, 둘, 셋, 넷 등으로 말입니다. 또 셈의 결과, 다시 말해 어떤 수에 도달하기 위해서는 스스로 '수 체계'도 고안해야겠지요.

가장 오래 된 수 체계는 각 단위를 다섯 개씩 한 그룹으로 나누는 오진법이지요. 다섯 개의 단위로 된 각 그룹을 퀴니(quine)라고 합니다. 8단위는 1퀴니와 3이며 13이라고 씁니다. 이 체계에서는 왼쪽에 있는 숫자가 오른쪽에 있는 숫자의 5배 값이 된다는 것을 분명히 알아야 합니다. 이 체계는 5가 기본이 되고 이런 경우를 오진법이라고 합니다. 고대의 시에서 이런 체계의 흔적들을 볼 수 있지요.

칼데아 사람들은 60을 기본으로 60진법을 사용했답니다. 고대 바빌론에서 15라고 하는 것은 65라는 수를 나타낸 것이지요.

또 많은 사람들이 20을 기본으로 20진법을 사용했습니다. 20진법에서는 우리가 말하는 90이 4.10로 표기됩니다. 즉 4개의 20에 10을 더한 것이지요.

아가씨, 이런 것들이 나온 후에야 10을 기본으로 하는 십진법이 생겨났답니다. 이것은 큰 수들을 활용할 때는 이점이 훨씬 많습니다. 십진법의 기원은 두 손의 손가락 수에서 유래한 것이옵니다. 어떤 특정한 거래에서는 다스, 반 다스, 4분의 1다스 등 다스 단위로 셈을 하는 12진법을 선호하는 경향이 두드러지기도 하는데 12가 10에 비해 약수가 많아 상당한 이점이 있기 때문이지요.

그러나 10을 기준으로 하는 체계, 즉 십진법이 보편적으로 채택되었습니다. 손가락으로 셈을 하는 투아레그족에서부터 계산 도구를 쓰는 수학자에 이르기까지 모두 10단위로 셈을 합니다. 각 민족 사이에 엄청난 차이점이 있는데도 이런 보편성을 띤다는 것은 놀라운 일이지요. 어떤 종교나 도덕 규범, 정치 형태, 경제계획, 철학적 체계나 언어, 문자도 십진법만큼 보편성 있는 것은 없지요. 셈을 하는 것은 사람들 간에 의견 차이가 없는 몇 안 되는 문제 중 하나이지요. 사람들은 셈을 단순하고 자연스러운 것으로 생각합니다.

아가씨, 야만인들과 아이들이 셈을 하는 것을 눈여겨보면 손가락이 우리가 사용하고 있는 수 체계의 기본이 된다는 것이 분명해집니다. 열 손가락을 사용해서 우리는 10개 단위로 세기 시작했고 전체적인 수의 체계가 10을 한 묶음으로 한 것에 기초를 두게 된 것입니다.

저녁에 양들이 모두 우리에 들어갔는지 확인해야 하는 양치기가 10마리 세고 나서도 계속 양을 세어야 하는 것은 당연한 일이겠지요. 양들이 앞을 지나갈 때 한 마리 한 마리를 손가락으로 세었을 테고 10마리가 끝날 때마다 돌멩이를 하나씩 떨어뜨렸겠지요. 다 세고 나면 돌멩이 하나가 열 손가락, 즉 양 10마리를 나타냈지요. 다음날도 그는 돌멩이를 세는 것으로 양들의 수를 세었을 것입니다. 그 후에 추론 능력이 있는 누군가가 나타나 그 방법을 과일이나 밀, 날과 거리, 별에 이르기까지 다른 유용한 경우에도 똑같이 적용시킬 수 있다는 사실을 알게 되었을 것입니다. 그때는 돌멩이 대신 확실하고 지속적으로 쓰일 수 있는 기호를 만들

어냈지요. 그렇게 해서 문자로 나타내
는 숫자가 탄생되었던 것이랍니다.

　모든 민족들이 그들의 언어에서
십진법을 사용했지요. 따라서 다른 체
계들은 모두 잊히게 되었답니다. 그러
나 십진법을 문자로 된 숫자로 나타내는 법을 채택하는 일은 아주 서서
히 행해졌지요. 인류가 완벽하게 수를 문자로 나타내는 법을 찾기까지는
여러 세기가 걸렸습니다. 수를 나타내기 위해 인류는 하나, 둘, 셋, 넷, 다
섯, 여섯, 일곱, 여덟, 아홉 등 각각의 수를 상징하는 특수한 문자를 고안
해야 했지요. 십, 백, 천 등을 나타내는 수들은 d, c, m 등으로 나타내기도
했답니다. 그렇게 해서 고대의 수학자들은 9,765를 9m7c6d5로 적었지
요. 가장 빈틈없는 장사꾼인 페니키아인들은 문자 대신 악센트 표시를
사용했습니다. 9‴ 7″6′ 5 처럼 말이지요.

　그리스인들은 처음에는 십진법을 쓰지 않았답니다. 그 대신 각 알파
벳에 악센트를 붙여서 값을 매겼지요. 첫 글자 알파(α)는 1을, 두 번째
글자 베타(β)는 2, 세 번째 감마(γ)는 3, 그런 식으로 19까지 나타낼 수
있었습니다. 6은 예외적으로 시그마(σ)라는 기호로 사용되었습니다. 문
자를 쌍으로 조합해서 20, 22 등과 같은 수를 나타냈지요.

　그리스의 수 체계에서 4,004는 두 개의 문자로 2,022는 세 개, 3,333은

4개의 다른 문자로 나타냈습니다.

그리스인에 비해 상상력이 조금 뒤떨어졌던 로마인들은 10까지는 세 개의 문자—I, V, X를 사용해서 나타냈지요. 그리고 그것들과 함께 L(50), C(100), D(500), M(1000) 등을 사용했습니다. 따라서 로마문자로 쓰인 수들은 이상하고 복잡해서 매우 단순한 대수에도 전혀 적합하지 않으며 간단한 셈조차 고통스럽게 만들지요. 로마숫자로 덧셈을 할 수는 있지만 끝자리 글자가 같은 숫자들은 같은 줄에 쓰는 식으로 숫자를 아래 위로 써야 하기 때문에 숫자들 사이에 빈칸을 남겨두어야 합니다.

약 400년 전까지 수의 과학은 그런 상태에 있었습니다. 이름이 알려져 있지 않은 한 힌두인이 10진법 수 가운데 수가 존재하지 않는 경우를 나타내는 특수한 기호인 '영'을 고안해 내기 전까지 말입니다. 그의 고안 덕분에 다른 모든 특수 기호와 문자, 그리고 악센트 표시 등이 쓸모없게 되었답니다. 그래서 9개의 숫자와 '영'만 남게 된 것이지요. 10개의 문자만 사용해서 어떤 숫자든 표기할 수 있게 된 것은 영이 가져다준 첫 번째 위대한 기적이었습니다.

아랍의 기하학자들은 그 힌두인의 발명을 채택해서 '영'을 어떤 수의 오른쪽에 덧붙이면 자동적으로 십진법의 다음 단계로 넘어간다는 사실을 발견했습니다. 그래서 '영'을 바로 10의 배수를 만드는 기호로 만들었지요.

지혜를 밝혀주는 기나긴 과학의 역사를 여행하면서 우리는 시인이며 천문학자인 오마르 카얌의 지혜로운 조언을 언제나 마음 속에 간직해야 할 것이옵니다. 알라신이여 그를 찬양하소서! 여기 그의 가르침이 있습니다."

그대의 지혜로 인해 이웃이 고통당하는 일이 없게 하라.
자신을 면밀히 살피고 결코 분노하지 말라.
평화를 원한다면 그대에게 상처를 주는 운명을 향해 미소 지으라.
누구에게도 해로운 일을 하지 말라.

"여기서 유명한 시인의 말을 빌어 수와 숫자의 기원에 관한 몇 마디를 끝낼까 합니다. 알라께서 허락하신다면 다음에는 수의 주요 작용과 특성에 대해 생각해 보도록 하지요."
그리고 베레미즈는 입을 다물었고 두 번째 수업이 끝났다.

신이시여, 내 사랑이 결실을 맺어 유용하게 쓰일 수 있도록 힘을 주시옵소서.
가난한 이를 업신여기거나 오만함 앞에서 무릎 꿇지 않도록 힘을 주시옵소서.

일상의 사소한 문제에서 벗어나 제 영혼을 높이 들어올릴 수 있는
힘을 주시옵소서.

당신 앞에 사랑으로 엎드려 절할 수 있는 힘을 주시옵소서.

오, 영광스러운 태양이여. 저는 공중에서 하릴없이 떠다니는 한
조각 구름에 지나지 않사옵니다.

당신께서 원하시고 즐기신다면 아무것도 없는 저를 받아주시어
천 가지 색으로 칠해 주소서. 금빛으로 빛나게 해주시옵소서.

바람 속에서 나부끼며 천 가지 경이로움으로

하늘을 덮게 해주시옵소서……

그러고 나서 밤이 되어 그 놀이를 끝내시고자 하신다면

저는 어둠 속, 새벽의 미소,

혹은 투명한 순수의 신선함 속에 묻혀 사라지겠나이다.

"훌륭하오!" 문법학자인 도레이드가 말을 더듬으며 찬사를 보냈다.

"정말입니다. 수학은 정말 굉장하지요!" 내가 그의 말에 장단을 맞췄다.
그러자 그는 내 말을 강력히 부인했다.

"내 말은 기하학이 아니오! 내가 여기 온 것은 수와 숫자에 관해 끝없
이 이어지는 이야기 때문이 아니란 말이오. 그런 것들은 내겐 아무런 흥
미가 없어요. 내 말은 텔라심의 목소리가 훌륭하다는 것인데……."

내가 너무 놀라서 쳐다보자 그는 심술궂게 덧붙였다. "나는 수업 중에 그 처녀가 얼굴을 보이리라 기대했소. 사람들이 그녀가 라마단(이슬람력의 9월—옮긴이) 달의 초승달처럼 예쁜, 이슬람의 진정한 꽃이라고들 하더군요."

그리고 그는 자리에서 일어나 낮은 소리로 노래를 불렀다.

물병이 물위에 떠다녀도 걱정하거나 마음 쓰지 않는다면
그대여 내게로 와요. 내게로!
언덕의 풀은 푸르러 가고 숲속의 꽃들은 봉우리를 터뜨린다오.
그대의 검은 두 눈에 갇혀 있던 생각들은
새들이 둥지를 떠나 날아가듯 날아가고
그대가 쓰고 있는 베일은 발 아래로 흘러내릴 것이오.
그대여, 내게로 와요. 내게!

우리는 뭔가 아쉬운 기분으로 불이 환히 밝혀진 방을 나왔다. 나는 베레미즈가 여관에 도착하던 날 끼고 있었던 반지를 끼지 않고 있다는 것을 눈치챘다. 그 훌륭한 보석을 잃어버린 것일까?

케르케스인 노예는 보이지 않는 지니가 마법이라도 부릴까 두려운 듯 주위를 경계하듯 살피고 있었다.

21

감옥 벽에 쓰인 글

하낙은 필경사 일을 시작하고 텔라심의 학업은 나날이 향상된다. 베레미즈는 무기형을 받은 도적 사나디크의 감형에 대한 복잡한 문제를 풀기 위해 무기수의 감옥에 찾아간다.

　　　칼리프가 살고 있던 아름다운 도시에서 우리는 점점 바쁘게 살아갔다. 비지에르 말루프는 내게 라제스(Rhazes, 페르시아의 유명한 연금술사, 이슬람교 철학자, 의사―옮긴이)가 쓴 책 두 권을 필사하도록 했다. 그 책에는 상당히 많은 의학 지식이 들어 있었다. 그 책에서 나는 성홍열 치료법과 어린이 질병, 신장 관련 질병을 비롯해서 사람들을 고통스럽게 하는 수많은 다른 질병의 치료법에 관한 중요한 연구를 읽었다. 필사작업에 매달려 있느라 시크 이에지드의 궁전에서 하던 베레미즈의 수업에 더 이상 참석하지 못했다.

　베레미즈를 통해 지난 수주일 간 보이지 않는 학생의 실력이 엄청나게 향상되었다는 얘기만 들었다. 이제 그녀는 네 가지 수의 연산과 유클리드의 책 세 권에 통달하고 1, 2, 3을 약수로 하는 분수까지 풀 수 있게 되었다고 했다.

어느 날 오후가 끝나갈 무렵 고기 파이와 꿀, 올리브로 조촐한 식사를 막 시작하려고 하는데 거리에서 시끌벅적한 소리가 들렸다. 말발굽 소리와 고함 소리, 터키 병사들이 욕을 해대는 소리였다. 나는 깜짝 놀라 자리에서 일어났다. 무슨 일일까? 여관은 이미 군에 포위되었으며 성질 고약한 경비대장이 곧 폭력 조치를 취할 것 같은 인상을 받았다. 그런 예기치 못한 소동에도 베레미즈는 불안해하지 않았다. 밖에서 벌어지는 상황을 전혀 모르는 듯 그는 나무 판자 위에 숯막대기로 계속 도형을 그리고 있었다. 얼마나 별난 사람인가! 저승 천사 아즈라엘이 죽음을 선고하며 갑자기 나타난다 해도 그는 곡선과 각을 그리며 도형과 수의 특성에 관한 연구만 계속할 것이다.

늙은 살림이 여관으로 뛰어들어왔다. 흑인 노예 두 명과 낙타 몰이꾼 한 명도 함께 들어왔는데 모두들 무슨 끔찍한 일이라도 생긴 듯 흥분 상태였다.

"저런 저런!" 내가 참지 못하고 소리쳤다. "베레미즈를 방해하지 말아요! 이게 웬 소란이오? 바그다드에 폭동이라도 일어났단 말이오? 술레이만 사원이 무너져 내리기도 한 거냐구요?"

"나으리," 늙은 살림은 말을 더듬었다. "터키군 호위대가 막 도착했습니다요."

"호위대라니 도대체 무슨 말이오?"

"위대하신 비지에르 말루프의 호위대인데 베레미즈 사미르를 당장 데려오라고 합니다요."

"그런데 왜 이리 소란스러운거요? 그렇게 특별한 일도 아닌데 말이오. 우리의 좋은 친구이자 보호자인 비지에르께서 급히 수학 문제를 해결해야 할 일이 생겼나 보지요. 그래서 유능한 저 친구의 도움을 필요로 하는 것은 당연한 일이잖소."

내 예측은 베레미즈의 계산만큼 정확했다. 잠시 후 호위대의 호위를 받으며 우리는 비지에르 말루프의 궁전에 도착했다.

비지에르는 접견실에서 세 명의 보좌관에게 둘러싸여 있었고 숫자와 계산식으로 가득 찬 종이 한 장을 손에 쥐고 있었다. 무슨 새로운 문제가 생겼기에 명망 높은 칼리프의 대신인 말루프가 저토록 안절부절 못하는 걸까?

"매우 심각한 일이라네." 비지에르가 베레미즈를 보며 말했다. "지금까지 살아오면서 부딪쳤던 문제 중에서 가장 어려운 문제인 것 같으이. 어떻게 이런 문제가 생기게 되었는지 상세히 설명해 주겠네. 자네의 도움이 있어야만 이 문제를 해결할 수 있을 것이네"

그러고 나서 비지에르는 다음과 같은 이야기를 해주었다.

"그저께 고귀하신 칼리프께서 몇 주 동안 바스라에 다녀오시기 위해 떠나시기 바로 몇 시간 전 감옥에 큰 화재가 발생했다네. 감옥에 갇혀 있던 죄수들은 말할 수 없는 고통에 시달렸고. 자비로운 전하께서는 즉시 죄수들의 형기를 반으로 감해 주셨다네. 처음에는 별일 아니라고 생각했지. 어명을 편지로 전달하기만 하면 되는 것으로 아주 간단하게 여겼다네. 그런데 다음날 전하의 행렬이 멀리 떠나고 나서야 우리는 마지막 순간에 내리신 어명이 지극히 미묘한 문제를 야기시킨다는 것을 알게 되었지. 이상적인 해결책을 찾기가 불가능해 보이는 문제라네. 한번 들어 보게.

감옥에 갇힌 죄수들 가운데 바스라 출신의 사나디크라는 도적이 있는데 무기형을 받고 4년째 복역 중이었지. 그 사람의 형기도 반으로 줄여야 하지 않은가? 그런데 그는 무기형을 받았기 때문에 현재 법으로 하면 남은 생애의 절반으로 형을 줄여야 하는 것이라네. 하지만 그가 얼마나 살 것인지 알 방법이 없지 않은가. 그러니 셀 수 없는 시간을 어떻게 나눈단 말인가?"

베레미즈가 잠시 생각한 끝에 매우 신중하게 말문을 열었다.

"나으리께 닥친 문제는 대단히 미묘한 것 같습니다. 수학과 법의 해석이라는 두 가지 문제를 포함하고 있기 때문이지요. 그리고 그것은 수의 문제인 동시에 인간의 정의에 관한 문제이기도 합니다. 제가 사나디크란 그 무기수의 감옥에 찾아가서 만나보기 전에는 어떤 엄중한 분석도

하기 어렵겠습니다. 사나디크의 인생에서 미지수에 속하는 운명이 이미 정해져서 그의 감옥 벽에 적혀 있을지도 모르니까요."

"자네의 말은 정말 이해할 수 없네." 비지에르가 한마디했다. "정신병자들과 죄수들이 감옥 벽에 끄적거려 놓은 낙서와 이 미묘한 문제의 해답 사이에 무슨 연관이 있단 말인지 알 수가 없군."

"나으리! 감옥의 벽에는 흥미로운 글과 공식, 시구를 비롯해서 우리의 영혼에 영향을 미치고 마음을 너그러워지게 만드는 글들이 새겨져 있지요. 부유한 코라산 지방을 다스리던 마짐 왕께 그런 경우가 한 번 있었지요. 하루는 죄수가 자신의 감옥 벽에 마법의 주문을 써놓았다는 보고를 받았습니다. 마짐 왕은 부지런한 필경사를 불러들여 감옥의 음침한 벽에 적혀 있는 글자와 숫자, 시구를 포함하여 모든 글을 필사하라는 명령을 내렸습니다. 필경사는 왕의 기이한 명령을 완수하는 데 많은 날을 보냈습니다. 엄청난 인내심을 가지고 일한 끝에 마침내 그는 기호와 알 수 없는 글, 이해가 안 가는 그림과 신성 모독적인 말, 의미 없는 숫자로 가득한 보고서 여러 장을 왕 앞으로 가져갔습니다. 해독할 수 없는 글로 가득한 보고서를 해독하고 번역할 수 있는 방법이 있었을까요? 그 나라의 현자 한 사람이 대전으로 불려왔습니다. 그는 보고서를 보고는 이렇게 단언했지요. '전하, 이 보고서에는 저주와 뜬 소문, 헤브루 신비 철학적인 이야기와 전설이 담겨 있습니다. 뿐만 아니라 수학 문제도 하나 들

어 있사옵니다.'

그러자 왕이 대답했지요. '나는 저주와 뜬소문에는 흥미가 없소. 헤브루 신비주의에 관한 글도 관심이 없고. 또 비술이나 비밀 문자, 인간이 만든 기호 속에 감춰진 신비 등도 믿지 않소이다. 그러나 시와 전설에는 흥미를 느끼오. 그 속에는 인간에게 위안을 주고 무지를 깨우쳐주는 교훈이나 강력한 경고 등을 담고 있는 귀한 말들이 담겨 있기 때문이오.'

현자가 대답했지요. '절망에 빠진 무기수의 말이 영감을 일으키지는 않사옵니다.'

'그렇다 해도 나는 그 글을 보고 싶소.'

그렇게 해서 현자는 필경사가 필사해 놓은 보고서를 임의로 한 장 뽑아서 읽었습니다.

인간을 행복하게 만들어주는 물질이 없는 우리들이 행복하기란 어렵다네.
운이 나쁜 사람들에게 행복을 이야기하지 말게.
자신이 사랑하는 것을 소유하지 못할 때는 자신이 소유하고 있는 것을 사랑해야 하니까.

왕은 깊은 생각에라도 잠긴 듯 아무 말 없었습니다. 그러자 현자는 왕

의 주의를 끌기 위해 이야기를 계속했습니다. '무기수의 감옥 벽에 이런 문제가 하나 새겨져 있었사옵니다.'

열 명의 병사를 각 열에 네 명씩 다섯 열로 배열해 보라.

'언뜻 봐서는 불가능해 보이는 이 문제는 각 열에 네 명씩 다섯 열을 그려놓은 이 그림에서 볼 수 있듯이 매우 간단하게 해답을 얻을 수 있습니다.'

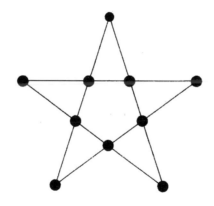

현자는 계속해서 읽어 나갔습니다.

'자장(子張) 왕자가 어렸을 때 하루는 위대한 공자를 찾아가서 물었답니다.

'명망이 높으신 선생님, 형을 선고하기 전에 재판관이 몇 번이나 재고를 해야 합니까?'

'오늘은 한 번, 내일은 열 번을 생각해야 합니다.' 하고 공자가 말했습니다.

자장 공(公)은 그 말을 듣고 매우 놀랐으며 그 말의 뜻을 이해할 수 없었습니다.

공자가 차근차근 설명을 했지요. '재판관이 사건을 조사한 후에 사면을 결정하는 데는 한 번이면 충분하지요. 그러나 사형을 선고할 때는 그전에 열 번을 생각해야 한다는 말입니다.'

그리고 그는 심오한 지혜가 담긴 한 마디로 말을 마쳤다. '사면을 내리는 데 주저하는 사람은 심각한 실수를 범할 수도 있습니다. 그러나 주저 없이 사형을 선고하는 자는 신이 보는 앞에서 그보다 훨씬 더 심각한 실수를 범하게 될 수 있기 때문이지요.'

감옥의 눅눅한 벽에서 불쌍한 죄수들이 적어놓은 그토록 소중한 보물과 수많은 아름답고 흥미로운 것을 찾아낼 수도 있다는 것을 깨달은 마짐 왕의 마음속에 존경심이 솟아났습니다. 깊은 감옥 안에서 고통스러운 하루하루가 지나가는 것을 지켜보았던 사람 중에는 지성과 교양을 갖춘 사람도 분명히 있었을 것입니다. 그래서 왕은 모든 형량을 수정하였고 죄수들 중 많은 사람이 부당한 판결을 받았다는 사실이 명백히 드러났습니다. 무고한 죄수들은 즉각 풀려나고 판결상의 많은 문제들이 바로잡히게 되었지요."

베레미즈의 말은 끝났고 비지에르가 말했다.

"그건 그렇다고 하더라도 바그다드의 감옥에서 기하학적 형태나 도덕적 전설, 시를 발견할 가능성이 희박하네. 그렇지만 자네가 알아내고자 하는 것이 무엇인지 알고 싶군. 자네가 감옥을 방문할 수 있도록 허락하겠네."

22

50 대 50

바그다드 감옥을 찾아간 베레미즈는 무기수 사나디크의 남은 삶을 반으로 나누는 문제를 인간적인 너무나 인간적인 방법으로 해결한다. 수학으로만 해결하는 것이 인간에게 얼마나 비참한 일인지 알려준다.

바그다드의 거대한 감옥은 페르시아나 중국의 성채처럼 보였다. 우리는 안으로 들어가서 한가운데 그 유명한 '희망의 샘'이 있는 작은 뜰을 지나갔다. 희망의 샘 앞에서 자신에게 내려지는 형량을 받은 무기수는 구원받을 수 있는 희망을 영원히 포기했다. 아랍의 웅장한 도시 안에 있는 암굴 깊숙이 살던 사람들의 고통과 비참함은 겪어보지 않고는 누구도 상상할 수 없을 것이다.

불운한 사나디크가 갇혀 있는 곳은 감옥에서 가장 깊숙한 곳에 있었다. 우리는 간수와 동행한 두 호위병의 안내를 받아 지하로 내려갔다. 거인 같은 누비아 흑인노예가 거대한 횃불을 들고 감옥의 후미진 곳으로 우리를 안내했다.

사람 한 명이 겨우 지나갈 정도밖에 안 되는 좁은 복도를 따라 가다가

어둡고 축축한 계단을 내려갔다. 지하실 깊은 곳에 사나디크가 갇혀 있던 작은 독방이 있었다. 한 줄기의 빛도 뚫고 들어오지 못하는 암흑이었다. 무겁게 가라앉은 공기는 악취 때문에 숨을 쉬면 토할 것 같았다. 바닥에는 썩은 진흙이 깔려 있었고 네 개의 벽으로 둘러싸인 공간에는 다리뻗고 누울 침상조차 없었다. 거대한 몸집의 누비아인 노예가 들고 온 횃불을 비치자 불운한 사나디크가 보였다. 반라의 몸에 숱 많은 턱수염이 뒤엉켜 있었고 긴 머리가 어깨까지 내려왔다. 그는 손발이 쇠사슬에 묶인 채 판석 위에 웅크리고 있었다.

베레미즈는 아무 말 없이 그를 찬찬히 살펴보았다. 그 불행한 사내가 그토록 비참하고 비인간적인 상황에서 4년 동안이나 생명을 부지해 왔다는 사실이 믿기 어려웠다.

얼룩이 지고 물이 뚝뚝 떨어지는 감옥 벽에는 여러 세대 동안 그곳을 거쳐간 죄수들이 써놓은 글과 숫자, 기이한 기호로 가득했다. 베레미즈는 온 정신을 집중해서 그것들을 읽고 번역하며 자세히 관찰하였다. 오랫동안 어려운 계산을 하느라 힘이 드는지 가끔씩 숨을 돌리기도 했다. 그런 저주와 신성 모독적인 글을 근거로 셈도사는 어떤 결정을 내릴까? 사나디크에게 남아 있는 삶이 몇 년이나 될까?

비참한 죄수들이 고통받고 있는 음울한 감옥을 뒤로 하고 나오자 나는 휴우 하고 안도의 숨을 쉬었다. 호화스러운 접견실에 도착하자 비지에르 말루프가 각계 각층의 시크들과 궁정 대신, 보좌관과 현자들을 대동하고 나타났다. 그들은 모두 베레미즈가 무기형을 반으로 줄이는 문제를 해결하기 위해 어떤 방법을 사용할지 궁금해서 그가 도착하기를 기다리고 있었던 것이다.

"오, 셈도사여. 자네를 기다리고 있었다네." 비지에르가 부드럽게 말했다. "지체하지 말고 해답을 제시해 보게. 우리의 위대하신 전하의 명을 받들 수 있기를 무엇보다 갈망하고 있다네."

베레미즈는 정중하게 절을 하며 예를 갖춘 뒤 다음과 같이 말했다.

"밀수업자인 바스라의 사나디크는 4년 전 국경에서 체포되었고 무기형을 선고받았습니다. 그 형량이 믿는 이들의 통치자이시며, 이 땅에 오신 알라신의 신하이신 우리의 자비로우신 칼리프 전하께서 내리신 현명하고 공정한 칙령에 의해 반으로 줄었습니다.

체포되어 무기형을 받으면서 시작된 사나디크의 생애를 x라고 합시다. 무기수가 된 사나디크가 감옥에서 x해를 보내는 것은 평생을 감옥에 갇혀 있는 것을 말합니다. 그런데 지금 왕의 칙령에 의해 그 형량이 반으로 줄어들었습니다. 이것은 중요한 부분입니다. 그의 남은 생을 나타내는 x를 몇 개의 기간으로 쪼갠다면 각각의 기간에서 자유의 몸이 되는 시간과 수감되는 시간이 똑같아야 할 것이옵니다."

"그렇지 바로 그걸세!" 비지에르가 열렬히 동의했다. "자네의 논리를 잘 이해하고 있네."

"그런데 사나디크가 이미 4년을 복역했기 때문에 그와 똑같은 양의 자유시간, 즉 4년 동안 자유의 몸이 되어야 합니다. 이렇게 생각해 볼 수 있을 것입니다. 친절한 마술사가 나타나 사나디크가 살아 있을 날을 정확히 예측해서 우리에게 '이 사람이 수감되었을 당시 살 수 있는 기간이 8년밖에 남지 않았어.'라고 했다고 가정해 볼까요? 이 경우에 x는 8과 같은 값이 됩니다. 즉 사나디크는 8년 동안 수감될 운명이었던 것이지요. 그런데 지금은 그것이 4년으로 감형되었고 사나디크는 이미 4년을 복역했기 때문에 사실상 자신의 형기를 마친 자유의 몸이 되어야 하는 것입니다. 그가 8년보다 오래 살기로 된 운명이었다면, 즉 x가 8보다 큰 값이었다면 그의 인생을 세 부분으로 나눌 수 있을 것입니다. 이미 복역한 4년과 자유 몸으로 살게 될 나머지 4년, 그리고 세 번째 부분인데 그것도 역시 두 부분으로 잘라야 합니다. 수감 생활과 자유생활. 이로써 쉽게 결론을 내릴 수가 있지요. 알 수 없는 x의 값이 무엇이든 그 무기수는 즉각 풀려나서 4년 동안 자유의 몸으로 살아야 한다는 것입니다. 법에 따라 제가 증명해 보였듯이 그는 자유인으로 살아갈 시간을 가질 권리가 있기 때문이지요.

그 기간이 끝나면 그는 다시 감옥으로 돌아가서 생애의 절반과 같은 기간 동안 수감되어 있어야 합니다. 어쩌면 그를 1년은 감옥에 1년은 자유롭게 살게 하는 것이 가장 쉬울지도 모릅니다. 칼리프께서 내리신 명령 덕분에 1년은 감옥에 1년은 자유의 몸으로 살아가는 것이지요. 전하의 자비로 입게 된 혜택을 마음껏 즐기면서 말입니다. 그러나 그런 해결책은 그가 자유기간의 마지막 날에 죽기로 되어 있을 경우에만 정확한 해결책이 될 것입니다.

예를 들어 사나디크가 감옥에서 1년을 보낸 후 풀려나서 자유의 몸이 된 지 넉 달 만에 죽었다고 생각해 보지요. 그의 인생에서 1년 4개월이라는 부분을 1년은 감옥에 갇혀 지내고 4개월만 자유롭게 살게 됩니다. 그러면 계산상의 오류가 생기게 되지요. 그의 형량이 반으로 줄어들지 않았으니까요.

어쩌면 사나디크를 한 달은 감옥에 가둬두고 그 다음 달은 풀어주는 것이 더 쉬울지도 모릅니다. 그러나 그 방법도 그가 한 달을 감옥에서 보낸 후에 한 달의 자유기간을 모두 즐기기 못한다면 비슷한 오류를 범하게 되는 것이지요.

아니면 궁극적으로 사나디크를 하루는 감옥에 하루는 자유의 몸으로 만들어주는 것을 그가 죽을 때까지 계속하는 것이 가장 좋은 해결책이라고 말하실 분도 계실 것입니다. 그러나 그 방법도 수학이 요구하는 정확성을 만족시키지 못합니다. 사나디크가 감옥에서 하루를 보내고 나서 몇 시간 후에 죽을 수도 있으니까요. 그를 한 시간 동안 수감한 다음 풀어주고 그런 식으로 최후의 시간까지 계속한다면 사나디크가 자유의 몸이 된 시간 중에서 최후의 1분까지 살아 있도록 되어 있어야만 해결책이 될 수 있습니다. 그렇지 않으면 칼리프께서 내리신 칙령대로 그의 형량이 반으로 줄어들지 않을 것이기 때문입니다.

정확한 수학적 해결 방법은 다음과 같습니다. 사나디크를 한순간 감옥에 두고 다음 순간에 풀어주는 것입니다. 그러나 그의 수감 기간, 즉 한순간이라는 것이 너무 짧아서 나누어지지 않아야 하고 다음에 따라오는 자유의 기간도 똑같은 식이어야 하지요.

현실적으로 그런 해결책은 불가능합니다. 어떻게 사람을 나눌 수 없는 순간 동안 가두었다가 다음 순간 풀어줄 수 있을까요? 그래서 그런 생각은 불가능한 것으로 제쳐놓아야 합니다. 비지에르 나으리. 저는 그 문제를 푸는 방법이 단 한 가지밖에 없다고 생각합니다. 법의 감시하에 조건부 자유를 주는 것입니다. 그 방법이 그에게 복역과 자유를 동시에 해결하게 하는 유일한 방법입니다."

비지에르는 베레미즈가 제안했던 방법을 즉각 시행하도록 명했다. 그리고 그날로 감옥에 갇혀 있던 사나디크는 조건부 자유를 인정받았다. 그 후로 아랍의 재판관들은 종종 그 판례를 채택해서 현명한 선고를 내릴 수 있었다.

다음 날 나는 베레미즈에게 우리가 감옥을 방문했을 때 감옥 벽에서 수집한 자세한 내용과 계산법이 무엇이었으며 또 어떻게 그 문제에 대해 그렇게 독창적인 해결책을 생각해 내게 되었는지 물었다. 대답은 이랬다.

"그 암울한 암굴 감옥의 벽에서 잠깐 동안이라도 그와 같은 처지에 있어 본 사람만이 알 수 있는 해결책이지. 숫자만으로 해결하려 들면 인간을 더욱 비참하게 만들 뿐이라네."

23

가장 신비로운 수

클루지르 샤 왕자의 예기치 않은 방문. 베레미즈는 인도의 왕이 딸들에게 남긴 진주를 공평하게 분배하는 문제를 해결한다. 그리고 수학 전체에서 가장 신비로운 수를 계기로 베레미즈는 인도 여행을 떠난다.

우리가 살고 있던 조촐한 동네에 화창한 아침이 밝았을 때 베레미즈는 클루지르 샤 왕자의 예기치 않았던 방문을 받았다. 호화스러운 수행원 행렬이 거리를 메우자 호기심 많은 사람들은 지붕 꼭대기나 발코니로 구경을 나왔다. 노인과 여인네, 아이들까지 호화로운 행렬에 놀라 입을 다물지 못했다. 먼저 30명의 기병이 가장자리를 은색으로 두른 벨벳 천과 금빛 마구로 장식한 아라비아산 군마를 타고 왔다. 그들은 햇빛을 받아 빛나는 흰색 터번과 헬멧을 쓰고 비단 상의와 외투를 걸치고 장식이 달린 가죽 벨트에는 반달칼을 차고 있었다. 그들은 왕의 방패를 상징하는 푸른색 바탕에 흰색 코끼리가 그려진 군기를 앞에 들고왔다. 이어서 궁수와 척후병들이 역시 말을 타고 따라왔다.

그리고 맨 뒤에 두 명의 비서관과 세 명의 의사 그리고 열 명의 시종을 거느리고 왕자가 위엄 있는 모습을 드러냈다. 그는 진주가 줄줄이 박힌 진홍색 상의를 입고 있었다. 머리에 쓰고 있던 터번에는 사파이어와 루비가 반짝이고 있었다. 늙은 살림은 여관에서 그 웅장한 행렬을 보고 거의 실성하였다. 그는 바닥에 납작 엎드려 큰소리로 외쳤다.

"이게 도대체 뭐지? 여기가 어디야?"

나는 물 배달부를 불러 그 가여운 노인이 제 정신으로 돌아올 때까지 안뜰로 데려고 가 있으라고 했다. 여관의 내실은 귀한 손님을 맞기에는 너무 좁았다. 호화스러운 행차에 약간 놀란 베레미즈는 방문객들을 맞으러 안뜰로 내려갔다.

클루지르 샤 왕자는 수행원들을 거느리고 들어와서는 셈도사에게 다정한 말로 인사하면서 말했다.

"부자를 찾아나서는 사람은 가난한 현자이고, 현자를 찾아 나서는 사람은 고매한 부자라오."

"전하의 말씀은 깊은 우정에서 나온 것이라는 것을 잘 알고 있습니다. 제가 습득한 보잘것없는 지식은 전하의 관대하신 마음 앞에서는 아무것도 아니옵니다."

"내가 이곳을 찾아온 것은 과학을 사랑하는 마음에서라기보다는 나 자신의 욕망에 따른 것이오. 시크 이에지드의 집에서 처음 그대의 이야기를 듣는 영광을 가지게 된 이후로 나는 당신에게 꼭 맞는 지위를 내릴 것을 고려해 왔소. 당신에게 내 비서관직이나 아니면 델리 천문대 대장을 맡기고 싶소. 받아주시겠소? 우리는 몇 주 후면 메카를 향해 떠나야 하오. 그리고 그곳에서 바로 인도로 갈 것이오."

"자비로우신 전하! 불행히도 저는 지금 당장 바그다드를 떠날 수 없사옵니다. 저는 중요한 일로 이 도시에 묶여 있습니다. 덕망 높으신 시크 이에지드님의 따님께서 기하학의 아름다움에 통달하셔야만 떠날 수 있사옵니다."

왕자는 미소지으며 대답했다.

"그 약속 때문에 거절한다면 약속을 지킬 수 있는 방법이 있을 것이오. 시크 이에지드께서 내게 말씀하시기를 따님의 학습 진도가 빨라 몇 달 후면 어린 텔라심이 '왕자의 진주'에 관한 유명한 문제를 현자들에게도 가르칠 정도가 될 것이라고 하셨소."

왕자의 말을 듣고 베레미즈는 놀라워하는 기색을 보였다. 그러나 한편으론 약간 어리둥절해하는 것 같기도 했다. 왕자는 말을 계속했다.

"내게도 그 어려운 문제를 이해할 수 있는 기회를 준다면 무척 기쁠 것이오. 우리의 뛰어난 조상께서 처음 그 문제를 내신 이래 수많은 수학자들도 해결하지 못했던 문제가 아닌가."

베레미즈는 왕자의 소망에 따라 그 문제에 관해 특유의 느리고 변함없는 말투로 이야기를 시작했다.

"그것은 문제라기보다 산술적인 호기심에 지나지 않사옵니다. 문제의 배경은 다음과 같습니다. 인도의 한 왕이 죽으면서 딸들에게 일정한 수의 진주를 남겼습니다. 다음과 같이 나누라는 지시와 함께 말입니다. 맏딸은 진주 한 개와 나머지의 7분의 1을 가지고 둘째 딸은 진주 두 알과 나머지의 7분의 1 그리고 셋째 딸은 세 개의 진주와 나머지의 7분의 1, 그리고 그런 식으로 계속 나아갔습니다. 그런데 막내딸이 재판관 앞에 가서 그 방법이 너무 복잡하고 불공평하다고 불평했습니다. 재판관은 전통적으로 다 그렇듯이 문제를 해결하는 능력이 있는 사람이었습니다. 그는 그 자리에서 불만을 품은 딸이 잘못 알고 있는 것이며 원래의 분배방식이 옳다는 판결을 내렸습니다. 그 방법으로 해야만 딸들이 각각 똑같은 수의 진주를 받게 될 것이라고 말입니다."

"진주는 몇 개였으며 귀족의 딸은 모두 몇 명이었을까요?

이 문제의 해답은 전혀 어려운 것이 아니옵니다. 보십시오.

진주는 모두 36개가 있었고 부자에게는 딸이 여섯이었습니다. 첫째 딸이 진주 한 알과 나머지 35개의 7분의 1, 즉 5개지요. 그러면 그 딸은 모두 6개를 가지게 되고 30개가 남게 됩니다.

둘째 딸은 진주 두 알과 남은 진주 28개의 7분의 1, 즉 4개가 되고 모두 합쳐서 6개를 받게 되고 24개가 남습니다.

셋째 딸은 3개를 받고 나머지 21개의 7분의 1, 즉 3개 모두 합쳐 6개

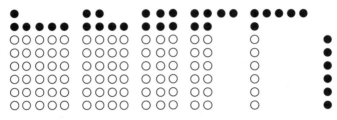

유명한 '왕의 진주' 문제의 답

를 받고 18개가 남지요.

넷째 딸은 진주 4개와 14의 7분의 1, 즉 2개를 받아 모두 6개를 받고 12개가 남지요.

다섯째 딸은 진주 5개와 나머지 7의 7분의 1, 즉 1개를 받아 모두 6개를 받고 6개가 남는데 그것은 여섯째인 막내딸의 몫이 되는 것이지요."

그리고 베레미즈는 이렇게 결론을 내렸다.

"문제를 보시면 아시겠지만 교묘하긴 해도 결코 어려운 문제는 아니옵니다. 해답을 찾아내는 데 복잡한 식이 필요하지 않사옵니다."

그때 왕자가 방의 벽에 5번씩 써 있던 숫자 142,857에 주목했다.

"저 숫자의 의미가 무엇이오?"

"수학을 통틀어 기이한 수 가운데 하나입니다. 곱셈식을 하면 특이한 상황이 발생하지요.

그 수에 2를 곱해 볼까요?

$$142,857 \times 2 = 285,714$$

주의해서 답을 보시면 처음의 수와 똑같은 숫자들인데 순서만 다르다는 것을 아실 수 있을 것입니다. 왼쪽에 있던 14가 오른쪽으로 옮겨간 것이지요.

그럼 이제 3을 곱해 보겠습니다.

$$142,857 \times 3 = 428,571$$

다시 보십시오. 답이 얼마나 흥미롭사옵니까. 숫자는 같은데 역시 순서가 다릅니다. 왼쪽에 있던 1이 오른쪽으로 옮겨갔지요. 다른 숫자들은 원래 위치에 그대로 있구요.

4를 곱하면 숫자들이 자리를 옮기기는 하지만 순서는 그대로입니다.

$$142,857 \times 4 = 571,428$$

5를 곱해도 마찬가지 상황이 벌어지지요.

$$142,857 \times 5 = 714,285$$

6을 곱하면 어떤 일이 벌어지는지 잘 보십시오.

$$142,857 \times 6 = 857,142$$

세 자리씩 두 그룹의 자리가 바뀌었습니다.

7을 곱하면 전혀 다른 일이 벌어집니다.

$$142,857 \times 7 = 999,999$$

그럼 이제 8을 곱해 볼까요.

$$142,857 \times 8 = 1,142,856$$

7을 제외하고는 수들이 모두 나타납니다. 그리고 처음에 7이었던 자리가 6과 1의 두 부분으로 나누어집니다. 6은 오른쪽에 1은 왼쪽에 말입니다.

자, 그럼 이제 9를 곱해 보겠습니다.

$$142,857 \times 9 = 1,285,713$$

답을 자세히 보십시오. 사라진 숫자는 4밖에 없습니다. 어떻게 된 일일까요? 두 부분으로 나누어진 것 같지요. 왼쪽에 1이 생기고 오른쪽에 3이 생겼으니까요.

142,857이라는 수에 11, 12, 13, 14, 15, 16, 17, 18 등을 곱하다 보면 특이한 점을 더 많이 발견할 수 있습니다."

"이런 이유로 142,857이라는 수가 수학 전체를 통틀어서 가장 신비스러운 수로 여겨지게 되었던 것입니다. 저는 이것을 고행승 노엘림께 배웠사옵니다……."

"노엘림이라고" 왕자는 얼굴이 환해지며 물었습니다. "당신이 정말 그 현자 중의 현자를 안단 말이오?"

"전하, 저는 그분을 아주 잘 알고 있사옵니다. 제가 오늘날 수학을 연구하면서 활용하는 모든 원칙을 그분께 배웠습니다."

"위대한 노엘림은 부왕의 친구셨소. 아들을 잔인하고 억울한 전쟁에서 잃고 나서 얼마 되지 않아 그는 도성에서 물러나 다시는 돌아오지 않았다오. 그분이 계신 곳을 알아내려고 백방으로 수소문했으나 계신 곳을 알아낼 방법이 없었소. 그래서 나는 사막에서 돌아가셨거나 표범에게 잡아먹혔을 것이라 생각했었소. 어디 가면 그분을 찾을 수 있는지 말해줄 수 있겠소?"

"제가 바그다드로 떠날 무렵 페르시아의 코이에서 그분과 친구 세 명과 헤어졌사옵니다."

"그러면 우리가 메카에서 출발할 때 코이로 가서 위대한 스승님을 찾아보도록 할 것이오. 그분을 궁으로 모셔가고 싶소. 베레미즈 사미르, 그 막대한 사명을 완수하도록 도와줄 수 있겠소?"

"전하 저의 스승이시며 인도자셨던 그분을 어떤 식으로든 도와드리는 일이라면 전하의 명을 따르겠나이다. 필요하면 인도까지라도 동행하겠나이다."

그렇게 해서 142,857이라는 숫자 때문에 우리가 인도로 가는 일이 결정되었다. 그 숫자는 정말 마법의 수였다.

24

유레카, 유레카!

암살의 위협 속에서도 베레미즈는 디오판토스의 묘비명, 히에론의 문제, 8과 27의 제곱근, 아르키메데스의 유쾌한 이야기를 들려준다. 그러나 그의 얼굴에 떠오르는 슬픈 빛은 ……

나는 타라 티르라는 위협적인 존재가 늘 마음
에 걸렸다. 한동안 바그다드를 떠나 있었던 사악한 그 자가 지난 밤 암살
자 일당을 동반해서 우리가 살고 있는 거리를 배회하는 것을 보았다는
사람이 있었다. 아무것도 모르는 베레미즈를 기습할 준비를 하고 있는
것이 분명했다. 그는 연구에 몰두하느라 어두운 그림자처럼 자신을 따라
다니는 위험을 감지하지 못했다.

　나는 그에게 타라 티르에 관한 이야기를 들려주고 시크 이에지드가
조심스럽게 경고했던 사실을 상기시켜 주었다.

　"그것은 근거 없는 두려움이네." 그는 내 경고에는 전혀 개의치 않았
다. "나는 그런 위협에는 신경쓰지 않아. 지금 내가 관심을 가지고 있는
것은 그리스의 유명한 기하학자 디오판토스의 묘비에 새겨진 문제에 대

한 해답일세."

"디오판토스의 무덤에 세워진 비석에 대수학적 방법으로 그의 나이를 나타내는 글이 새겨져 있는데 깊이 생각해 볼 가치가 있는 아주 훌륭한 착상이야."

신들은 그의 인생의 6분의 1을 아동기로, 12분의 1을 청소년기로 허락하셨다. 결혼 후 자식 없이 일생의 7분의 1을 보냈고 5년이 지난 다음 아이가 태어났다. 아이는 아버지의 나이의 절반에 채 미치지 못하고 죽었다. 디오판토스는 아이를 잃은 아픔을 수의 연구로 대신하다 4년을 더 산 다음 자신의 삶을 접었다.

"그 글을 연구해 보면 그의 나이가 84세라는 것을 알아낼 수 있다네. 디오판토스가 오랫동안 살면서 인생의 대부분을 불확실한 산술 문제를 푸느라고 여념이 없었던 것 같아. 히에론 왕의 문제에 대한 해답은 찾을 생각조차 하지 않았을지도 몰라. 그의 업적에서는 찾아볼 수 없으니 말일세."

"그게 어떤 문제인가?" 내가 묻자 그는 다음의 이야기를 들려주었다.

"시라쿠사의 왕 히에론이 제우스 신에게 바칠 왕관을 만드는 데 필요한 양의 금을 금세공업자에게 보냈다네. 왕은 완성된 왕관을 받고는 자

신이 보냈던 금과 무게가 같은지 확인하고 싶었지. 그런데 색깔을 보니 금에 은이 약간 섞여 있을 것 같다는 생각이 들었지. 왕은 그 문제를 기하학자인 아르키메데스에게 가지고 갔어.

금은 물 속에서 자신의 무게의 52,000분의 1만큼 줄어드는 한편 은은 99,000분의 1만큼 줄어든다는 사실을 증명했던 아르키메데스는 물 속에서 금관의 무게를 달아본 후에 금에 은이 섞여 있다는 것을 나타내는 무게상의 차이를 발견했지.

아르키메데스가 히에론 왕의 문제를 놓고 오랫동안 고민했다는 이야기가 있어. 그가 어느날 목욕을 하다가 문제를 풀 수 있는 방법이 떠올라 흥분해서 물에서 뛰어나와 궁전으로 달려가며 '유레카! 유레카!'라고 외쳤다는 말이 있다네. '알아냈어! 알아냈어!'라는 뜻이지."

우리가 이야기를 나누고 있는데 손님이 찾아왔다. 하산 모리크라는 왕의 호위대장이었다. 그는 체구가 크고 시원스러운 성격에 사람을 도와주길 좋아하는 사람이었다. 그는 35마리의 낙타에 관한 이야기를 듣고 난 다음부터는 셈도사의 능력을 입에 침이 마르도록 칭찬을 해왔다. 그는 금요일마다 사원에서 집으로 돌아가는 길에 우리를 찾아왔다.

"나는 수학이 그렇게 경이로운 것이라고 생각해 본 적이 한 번도 없었소이다. 그러다가 베레미즈님이 낙타에 관한 문제를 해결했던 이야기를 듣고 탄복했지요."

나는 그 사람을 거리가 내려다보이는 발코니로 데려갔다. 베레미즈는 여전히 다른 일에 몰두하고 있었다. 나는 호위대장에게 그가 증오심에 가득 찬 타리 티르의 위협을 받는 위험한 처지에 있다고 말해주었다.

"저기 그 사람이 있습니다." 내가 분수 옆을 가리키며 말했다. "그 사람과 함께 있는 사람들은 아주 위험한 암살자들이지요. 혹시라도 그들이 우리를 덮칠지 모릅니다. 타라 티르는 베레미즈에게 깊은 증오심을 품고 있어요. 난폭하고 분노에 찬 사람이라 보복을 할까 두렵습니다. 저 사람이 우리 뒤를 쫓는 것을 많이 봤거든요."

"무슨 말씀을 하시는 거요?" 하산 대장이 놀라며 물었다. "그런 일이 일어날 수 있다고 상상조차 할 수 없소이다. 어떻게 그런 불한당이 셈도사 같은 지혜로운 분의 목숨을 노린단 말입니까? 제가 기필코 이 문제를 즉각 해결하겠소이다."

그가 떠나자 나는 다시 방으로 돌아와서 자리에 누워 한동안 조용히 담배를 피웠다.

타리 티르가 아무리 난폭하다 해도 하산 대장의 적수가 아니었다. 그

하산 대장이 우리를 대신해서 그를 처치하러 나가지 않았는가. 한 시간 후 나는 하산 대장에게 다음과 같은 편지를 받았다.

모든 문제가 깨끗이 해결되었습니다. 세 명의 암살자는 즉결심판을 받았으며, 타라 티르는 곤장 여덟 대와 금화 27닢을 벌금으로 지불했습니다. 그는 즉시 도성을 떠나라는 명령을 받았고 제가 호위병을 붙여 다마스커스로 추방했습니다.

나는 하산 대장의 편지를 베레미즈에게 보여주었다. 덕분에 우리는 바그다드에서 마음 편히 살 수 있게 되었다.

"정말 흥미로운 일일세. 아주 흥미로워. 이 편지를 보니 8과 27 사이의 특이한 수의 관계가 생각나는군."

그의 말에 나는 어이가 없어 그를 쳐다보았다. 그러나 그는 아랑곳하지 않고 자신의 이야기를 계속했다.

"1을 제외하고는 세제곱 수의 합과 자신의 수가 일치하는 수는 8과 27밖에 없다네. 한번 보게.

$$8^3 = 512$$
$$27^3 = 19,683$$

512에 들어 있는 수의 합은 8이고 19,683 속에 들어 있는 수의 합은 27이 아닌가."

내가 탄성을 울리며 말했다. "자네 정말 놀라운 친구일세. 세제곱수 생각에 빠져 암살의 위협을 받고 있었던 것도 잊었단 말인가?"

"이보게, 수학은 때로는 얼이 빠지고 주변의 위험도 잊어버리게 할 정도로 우리의 마음을 사로잡는다네. 자네 위대한 기하학자였던 아르키메데스가 어떻게 죽었는지 아는가? 시라쿠사가 로마 장군 마르켈루스 군의 공격을 받고 함락당했을 때 아르키메데스는 수학 문제 하나를 놓고 골몰하고 있었지. 그는 전쟁이나 죽음도 잊은 채 모래에 그림을 그려가며 문제의 해답을 찾고 있었다네. 진리를 추구하는 것이 그에게는 그 정도로 흥미로웠던 것이지. 한 로마 병사가 그를 찾아내서 마르켈루스의 앞으로 가자고 명령을 하자 그는 풀고 있던 문제가 끝날 때까지 잠시 기다리라고 했어. 병사는 막무가내로 난폭하게 팔을 잡아챘고 그는 병사에게 '조심해! 지금 자네가 뭘 밟고 있는지 아는가! 그 그림을 지우면 안 된다니까!'라고 소리쳤다네. 명령에 즉시 따르지 않자 약이 오른 로마 병사는 그를 쳐서 당대 최고였던 현자의 목숨을 끊어버렸다네."

"아르키메데스는 생포해야 한다는 엄명을 내렸던 마르켈루스는 아르키메데스의 죽음 앞에서 슬픔을 감추지 못했다네. 그는 아르키메데스의 무덤에 원기둥 속에 구를 새겨놓은 비석을 세워주었지. 뛰어난 기하학자의 이론 하나를 기념하는 형태였어."

베레미즈는 말을 마치더니 내게 가까이 와서 손을 내 어깨 위에 올려 놓으며 말했다. "자네는 그 시라쿠사의 현자를 기하학을 위해 순교한 사람들의 대열에 포함시켜야 한다고 생각지 않나?"

내가 무슨 말을 할 수 있겠는가?

아르키메데스의 비극적인 종말은 시기심이 많고 믿을 수 없는 타라 티르를 연상시켰다.

우리가 정말 그 사악한 소금장수의 손아귀에서 풀려난 것일까? 머지 않아 귀양 갔던 다마스커스에서 돌아와 우리에게 더 큰 해를 입히지는 않을까?

창문 가까이에 팔짱을 끼고 서서 시장으로 오고가는 사람들을 바라 보고 있던 베레미즈의 얼굴에 뭔가 슬픈 빛이 어렸다. 나는 그가 우울한 기분을 털어버리게 하려고 생각에 잠겨 있던 그에게 말을 시켰다.

"왜 그래? 자네 기분이 언짢은 건가? 고국이 그리워서 그래? 아니면 그저 무슨 새로운 계산이라도 하고 있는 건가? 수학 때문이야 아니면 향 수병인가?"

"이보게 향수와 수학은 상관이 없다고 할 수가 없네. 가장 뛰어난 영 감을 지닌 시인이 그것을 이렇게 표현하고 있지.

향수도 수로 나타낼 수 있다네.
거리에 사랑을 곱하면 되는 거라오.

그러나 나는 향수가 공식을 만들어서 수치로 측정할 수 있는 것이라
고 생각하지 않는다. 어렸을 때 나는 어머니께서 다음과 같은 노래를 불
러주시는 것을 수없이 많이 들었다.

향수는 오래 된 노래
향수는 누군가의 그림자
오직 시간만이 그것을 거두어가지.
그땐 나도 함께 거두어간다네.

25

셈도사, 시험대에 서다

인도에서 돌아온 베레미즈는 궁으로 불려가 타고난 수학 능력을 시험받는다. 7명의 수학자들과 벌이는 한판 승부. 텔라심은 베레미즈에게 사랑고백이 담긴 푸른색 양탄자를 선물한다.

라마단이 끝난 다음 날 밤 칼리프의 궁전에 도
달한 우리는 나이 든 동료 필경사로부터 왕께서 우리의 친구 베레미즈를
위해 예기치 못했던 기이한 행사를 준비하고 있다는 말을 들었다.

　불길한 사건이 우리 앞에 놓여 있었다. 셈도사가 청중들이 지켜보는
가운데 일곱 명의 수학자들과 경합을 벌이기로 되어 있었던 것이다. 그
중 세 명은 카이로에서 바로 전날 밤에 도착했다. 어떤 일이 벌어질까?
나는 그런 시험을 코앞에 두고 있는 베레미즈를 격려하려고 애썼다. 지
금까지 수없이 많이 증명해 보였듯이 절대적인 자신감을 가져야 한다고
말해 주었다. 그는 내게 스승이었던 노엘림의 격언을 상기시켜 주었다.

　"자신에게 확신을 가지지 못하는 사람은 다른 사람들의 신뢰를 얻을
자격이 없다."

우리는 초조한 마음으로 왕궁에 들어갔다.

웅장한 접견실에는 불이 활활 타오르고 있었고 저명한 시크와 신료들로 가득했다. 칼리프의 옆 자리에는 젊은 왕자 클루지르 샤가 귀빈 자격으로 여덟 명의 힌두 박사를 대동하고 앉아 있었다. 옥좌 왼편으로는 대신과 문신 재판관과 바그다드 사교계의 내로라하는 인물들이 앉아 있었다. 단상 위에 놓여 있는 여러 개의 비단 방석에는 셈도사에게 질문을 할 일곱 명의 현자가 자리잡고 있었다. 칼리프의 신호로 시크 누레딘 자루르가 베레미즈의 팔을 잡고 웅장한 방 한가운데 마련된 일종의 연단 같은 곳으로 데리고 갔다.

모두 셈도사가 성공적으로 대답하기를 바랐던 것은 아니지만 그 자리에 참석했던 사람들의 얼굴은 기대감으로 생기가 돌았다.

체구가 거대한 흑인 노예가 은으로 만든 무거운 징을 세 번 치자 모두 터번을 쓰고 있던 머리를 깊이 숙여 절을 했다. 기묘한 행사가 막 시작되려는 참이었다. 고백하건대 나는 머리가 핑핑 돌아 정신을 차릴 수 없었다.

최고위직 사제가 코란을 들고 느리고 일정한 목소리로 기도문을 읽었다.

지혜로우시고 자비로우시며 이 세상의 창조주이신 알라신의 이름으로 비오니. 주여, 당신의 성스러운 도움을 내려주소서. 주께서 선택하시고 축복하신 바른 길로 저희를 인도해 주옵소서.

기도문의 마지막 구절이 궁전의 회랑 사이로 울려퍼지자 왕은 두 걸음 앞으로 나온 다음 멈춰 서서 말했다.

"우리의 친구이며 동맹국인 델리와 라호르의 군주 클루지르 샤 왕자께서 당신의 수행원으로 온 학자들에게 비지에르 이브라힘 말루프의 비서관인 페르시아 수학자의 지혜와 능력을 보여줄 수 있는 기회를 제공해 줄 것을 요청해 왔소. 우리의 고귀하신 귀빈의 청을 들어드리지 않는 것은 도리가 아닐 것이오. 그래서 이슬람인들 가운데서 가장 지혜롭고 명망 높은 현자 일곱 분이 셈도사에게 수학과 관련된 문제를 제시할 것이오. 베레미즈가 그 질문에 모두 대답하면 상으로 바그다드에서 모두가 부러워하는 사람으로 만들어주겠다고 약속하오."

바로 그때 시크 이에지드가 칼리프에게 다가가는 것을 보았다.

"모든 믿는 이들의 주인이시여! 제가 여기 베레미즈가 가지고 있던 물건을 가지고 왔사옵니다. 저희집 노예 한 명이 집에서 발견한 반지이옵니다. 이토록 더없이 중요한 시험을 치르기 전에 이 반지를 저 사람에게 돌려주고 싶사옵니다. 어쩌면 이 물건이 저 사람에게는 일종의 부적일지도 모릅니다. 이 반지가 저 사람에게 가져다줄 어떤 초자연적인 도움을 빼앗고 싶지 않사옵니다."

이에지드는 잠시 말을 멈추었다가 다시 계속했다.

"제 인생에서 보물 중에 진정한 보물인 사랑하는 딸 텔라심이 가장자리에 직접 수를 놓은 양탄자를 스승인 베레미즈에게 바칠 수 있도록 윤허해 주실 것을 청했나이다. 전하께서 허락하시오면 이슬람에서 가장 덕망 있는 현자들의 시험을 받기 위해 이 자리에 선 베레미즈의 방석 아래 깔도록 하겠나이다."

칼리프는 반지와 양탄자를 즉시 셈도사에게 갖다주라고 명했다. 시크 이에지드는 평소처럼 정중하고 친절하게 반지가 든 작은 상자를 베레미즈에게 직접 건네주었다. 그러고 나서 어린 노예에게 손짓을 하자 베레미즈의 초록색 방석 아래 깔 자그마한 푸른색 양탄자를 들고 나왔다.

"저것들은 모두 행운을 비는 부적이오." 내 뒤에서 누가 속삭였다. 푸른색 상의를 입은 마른 노인이었다. "저 젊은 페르시아인은 마법에 관해 잘 알고 있대요. 푸른색 양탄자는 뭔가 신비스러운 느낌을 주는 걸."

그곳에 참석한 대다수의 사람들, 그들이 어떻게 베레미즈의 계산 능력이 순수한 지적 능력의 산물이라는 것을 이해할 수 있겠는가? 배우지 않은 사람들은 자신이 이해할 수 있는 범위 밖의 것, 자신들이 이해할 수 없는 것을 항상 마법의 힘으로 치부한다. 그러나 그 자리에 참석한 인사들의 지성과 교양은 그곳에서 행해질 일이 순수한 지적 능력에 관한 문제라는 사실을 이해할 수 있는 수준이었다. 베레미즈는 아랍인의 우수성

이 돋보였던 수학 분야에서 1인자에 속하는 사람들의 시험을 받을 것이다. 과연 그가 시험에 합격할 수 있을까?

반지와 양탄자를 받은 베레미즈는 깊이 감동한 것 같았다. 먼 발치에서도 깊은 영향을 받았다는 것을 눈치챌 수 있었다. 작은 상자를 열었을 때 그의 영리한 눈에 이슬이 맺혔다. 나중에 알게 된 일이지만 상냥한 텔라심이 그 반지와 함께 다음과 같은 글이 적힌 종이 쪽지를 동봉했다.

"용기를 내세요. 신께 맡기세요. 당신을 위해 기도 드리겠습니다."

그리고 그 양탄자에 정말 아까 그 노인의 말처럼 뭔가 마법의 힘이 있었던 것일까?

그것은 마법의 힘이 아니었다. 시크들과 현자들의 눈에는 단순히 작은 선물 이상으로는 보이지 않았던 그 양탄자에는 그의 마음을 감동시킨 시 구절이 들어 있었던 것이다. 그것은 베레미즈만이 읽고 이해할 수 있는 쿠피(Kufi) 문자로 되어 있었다. 텔라심은 가장자리에 시 구절을 수놓아 아라베스크 무늬처럼 보이게 했다. 다음은 내가 나중에 그 시 구절을 번역한 것이다.

당신을 사랑합니다, 내 소중한 이여.
당신을 향한 제 사랑을 용서하세요.
제 마음에 당신의 손길이 닿으면

베일을 벗고 활짝 모습을 드러낼 것입니다.

당신의 자비로 그 마음으로 감싸안아 주세요.

내 소중한 이여.

그리고 당신을 향한 제 사랑을 용서하세요.

내 소중한 이여. 그대가 저를 사랑할 수 없다면

제가 받을 고통도 용서하세요.

저는 다시 노래를 부르며

어둠 속에 앉아 나오지 않을 거예요.

발가벗은 제 정절을

내 두 손으로 가린 채.

시크 이에지드가 사랑의 이중성을 노래한 그 메시지를 알아차렸을까? 왜 그 생각이 그렇게 강렬하게 들었는지 모르겠다. 나중에야 내가 말했던 것처럼 베레미즈가 비밀을 말해주었다.

알라신만이 진실을 아시는 것을!

그곳에 모였던 쟁쟁한 사람들 사이에 무거운 정적이 감돌았다. 칼리프의 궁전, 화려한 접견실에서 유사 이래 한 번도 행해진 적이 없었던 특이한 시험이 시작되려는 순간이었다.

알라신이시여!

26

코란에 대한 시험

유명한 신학자와의 첫 번째 대결. 모든 회교도는 코란을 알아야 한다. 코란에는 단어가 몇 개나 들어 있을까? 그리고 총 글자 수는 어떻게 될까?

호명을 받은 현자가 일어나서 엄숙하게 질문을 시작했다. 나는 80대 고령의 그 현자에게 깊은 존경심을 느꼈다. 마치 예언자들처럼 넓은 가슴까지 내려오는 허연 수염을 기르고 있었다.

"저 고매하신 노인은 누구십니까?"

나는 옆에 앉아 있던 검게 그을은 얼굴에 바짝 마른 박사에게 나지막이 물었다.

"저분은 모두에게 칭송받는 현자 모하데브 이브하지 아브너 라마이시라오. 항간에서는 저분이 코란에 있는 금언을 15,000개 이상 알고 있다고들 하지요. 저분은 신학과 수사학 교수이십니다."

현자 모하데브는 말투가 특이했다. 자신의 목소리로 내는 소리를 측정이라도 하듯이 단어들을 한 음절씩 또박또박 끊어서 발음했다.

"오 셈도사여. 나는 회교도들에게 가장 중요한 문제에 관해 그대에게 질문하려 하오. 유클리드나 피타고라스를 공부하기 전에 회교를 믿는 사람이라면 자신의 종교에 관한 심오한 지식을 가지고 있어야만 할 것이오. 진실과 믿음을 분리시킨다면 인생을 이해할 수 없기 때문이오. 내세의 삶과 영혼의 구원에 유념하지 않고 알라신의 계율과 계명을 알지 못하는 사람은 현자라고 불릴 자격이 없소이다. 그래서 나는 그대가 알라신의 경

전인 코란에 나오는 수에 관련된 내용 열다섯 가지를 막힘없이 제시해 줄 것을 원하는 바이오. 그 열다섯 개의 예에는 다음 사항들이 반드시 포함되어야 하오."

1. 코란의 장의 수
2. 정확한 구의 수
3. 단어의 수
4. 코란에 들어 있는 글자의 수
5. 그 책에 언급된 정확한 예언자들의 수

그리고 그는 굵은 목소리로 이어서 말했다.

"내가 요구한 다섯 개의 예와는 별도로 수와 관계되는 내용 열 가지를 더 말해주길 바라오. 자, 그럼 시작해 주시오."

그의 말이 끝나고 모두들 베레미즈가 입을 열기를 기다리는 동안 깊은 정적이 감돌았다.

"지혜롭고 존경하옵는 어르신! 코란은 114개의 장으로 이루어져 있는데 그중 70개 장은 메카에서 44개 장은 메디나에서 계시를 받아 적은 것입니다. 그것들은 611절로 나누어지고 6,236개의 구절이 들어 있는데 첫 장에 7구절, 마지막 장에 8구절이 있습니다. 가장 긴 장은 두 번째 장으로 280구절이 들어 있지요. 코란에는 46,439개의 단어가 들어 있고 323,670개의 글자가 들어 있으며 각 권에서는 10개의 특별한 덕목에 관해 가르치고 있지요. 이 경전에서는 25명의 예언자 이름을 언급하고 있는데 마리아의 아들 예수는 19번 등장합니다. 다섯 가지 동물의 이름이 다섯 장의 제목으로 사용되었는데 소, 벌, 개미, 거미, 그리고 코끼리지요.

102장은 '수의 대답'이라고 이름 붙여졌습니다. 그 장은 5개의 구절 속에서 수에 관해 쓸데없이 언쟁을 벌이는 사람들에게 경고를 주는 점이 특이하지요. 인간의 영적 진보에서 전혀 중요하지 않은 것이니까요."

여기서 베레미즈는 잠시 숨을 고르고 다시 계속했다.

"여기까지 알라신의 경전에 나오는 수에 관련된 어르신의 문제에 대한 제 대답입니다. 미리 말씀 드리지만 제 대답에는 잘못된 점이 하나 있지요. 15가지가 아니라 16가지 예를 말씀드렸습니다."

"세상에!" 내 뒤에 앉아 있던 푸른색 상의를 입은 노인이 탄성을 질렀다. "어떻게 사람이 저렇게 많은 수와 내용을 기억한단 말인가? 믿을 수가 없어! 코란에 들어 있는 글자가 몇 개인 것까지 알고 있으니 말이야!"

그 옆에 앉아 있던 턱에 흉터가 있는 한 뚱뚱한 남자가 퉁명스레 내뱉었다. "공부를 엄청나게 많이 한 게지요. 공부를 엄청나게 한 데다 그것을 모두 기억하는 것이라오. 많은 사람들이 그렇게 말들 하더라구요."

"나 같은 사람은 내 사촌들의 나이조차 기억하지 못하는데……, 대단해." 노인이 작은 소리로 말했다.

나는 주변에서 수근거리는 소리에 극도로 짜증이 났다. 어쨌든 모하데브가 베레미즈가 말했던 내용, 경전에 들어 있는 글자 수까지 모두 정확하다는 것을 확인시켜 준 것은 사실이었다.

신학자인 모하데브는 가난한 삶을 선택한 사람이라고들 했는데 그것은 분명 사실이었다. 알라신은 많은 현자들로부터 재물을 앗아간다. 부와 지혜는 같이 다니는 경우가 드물기 때문이다.

베레미즈는 그 어려운 시험에서 주어진 첫 번째 도전을 명쾌하게 이겨냈다. 그러나 아직 여섯 명이 더 남아 있었다.

나는 속으로 '알라신의 뜻으로 남은 질문들도 지금 했던 것처럼 순조롭게 끝나게 해주시길.'이라고 빌었다.

27

역사적인 순간

지혜로운 역사가가 두 번째 질문을 던진다. 하늘을 볼 수 없어 자살한 기하학자와 그리스 수학에 대하여, 그리고 에라토스테네스에 대한 칭송이 이어진다.

첫 번째 시험을 완벽하게 통과하자 두 번째 현자가 다음 질문을 맡았다. 그는 유명한 역사가로 코르도바에서 20년 간 강의를 했다. 후에 정치적인 이유로 카이로로 이주하여 칼리프의 보호를 받으며 살았다. 그는 구릿빛 얼굴에 턱수염을 타원형으로 기른 키가 작은 사람이었다. 눈은 게슴츠레한 것이 생기가 없어 보였다. 다음은 그가 셈도사에게 했던 말이다.

"지혜롭고 자비로우신 알라신의 이름 받들어 말합니다! 수학자의 가치가 평범한 계산의 법칙을 적용하거나 계산하는 능력에 달려 있다고 생각한다면 그것은 잘못된 것이오. 내 생각으로는 진정한 수학자란 수세기에 걸쳐 진보해 온 수학에 대한 철저한 지식을 가진 사람이오. 수학의 역사를 공부하는 것이야말로 지적 활동을 통해 과거 문명을 고귀하고 숭고하게 발전시켜온 천재들에게 경의를 표하는 것이지요. 그들은 또 과학을 통해 열악한 인간의 조건을 향상시키고 심오한 자연의 신비를 밝혀내기도 하지요. 역사를 통해 우리는 수학이라는 학문을 이룩했던 영광스러운 조상들을 기리며 그들이 남긴 업적들을 생생하게 지켜가는 것입니다. 따라서 나는 셈도사에게 수학의 역사에 속한 한 가지 흥미로운 경우에 관해 질문하고자 합니다. 하늘을 볼 수 없다는 이유로 자살한 유명한 기하학자의 이름은 무엇입니까?"

베레미즈는 잠깐 생각에 잠겼다가 대답했다.

"키레네의 수학자 에라토스테네스입니다. 그분은 처음에는 알렉산드리아에서 교육을 받았으나 후에 아테네 학파에서 플라톤의 학설을 공부했지요. 에라토스테네스는 알렉산드리아에 있는 훌륭한 도서관 관장으로 임명되어 마지막까지 그 자리에 재직했지요. 과학과 문학에 대한 그분의 지식은 누구나 부러워할 정도로 심오했습니다. 그분은 당시 가장 훌륭한 현자 대열에 속했을 뿐 아니라 시인에다 웅변가, 철학자, 만능 운동 선수였지요. 올림픽 5종 경기에서 우승했다는 것만으로도 충분히 알 수 있을 것이옵니다. 그리스는 당시 과학과 문학의 황금기를 누리고 있었지요. 그곳은 또 왕과 위대한 지도자들이 벌였던 연회에서 악기 연주에 맞춰 시를 낭송했던 서사 시인들의 본고장이기도 합니다.

그리스에서 가장 유명하고 세련된 사람들조차 투창을 하고, 시를 지었으며, 뛰어난 달리기 선수들을 물리쳤을 뿐 아니라 천문학 문제까지 척척 풀어내는 그분을 아주 특별한 사람으로 여겨졌다는 사실도 빠뜨릴 수 없는 이야기입니다. 그분의 다양한 업적은 후대에까지 전해 내려오고 있습니다. 한 번은 그분이 이집트의 왕 프톨레마이오스 3세에게 탁자를 선물했던 적이 있었지요. 그 탁자 위에는 소수를 새겨넣은 다음 그 제곱값들은 작은 구멍을 뚫어 표시한 금속판을 붙여놓았지요. 그래서 사람들은 그 지혜로운 천문학자가 탁자 위에 새겼던 도표를 '에라토스테네스의 체'라고 부르지요.

그런데 그분은 여행 중에 나일 강 둑에서 눈병을 얻어 실명하게 되었습니다. 열정적으로 천문학을 탐구했던 그는 하늘을 볼 수도 없었고 별이 빛나는 밤하늘의 비할 데 없는 아름다움을 찬미할 수도 없게 되었습니다. 밝디밝은 시리우스의 푸른 빛마저도 그의 눈을 덮고 있던 검은 구름을 뚫고 들어올 수 없게 되었던 것이지요. 그런 불운에 시달리고 실명의 고통을 견디지 못해 그 현자는 도서관에 갇혀 굶어 죽는 것으로 자살하게 됩니다."

게슴츠레한 눈을 한 지혜로운 역사가는 잠깐 동안의 침묵 끝에 칼리프를 향해 선언했습니다.

"저 페르시아인 셈도사가 들려 준 훌륭한 역사적 설명에 매우 흡족하옵니다. 자살했던 유명한 기하학자는 그리스의 시인이며 천문학자이고 운동 선수인 에라토스테네스가 유일한 사람이옵니다. 그는 또 모르는 사람이 없는 시라쿠사의 아르키메데스와는 절친한 친구 사이였지요. 알라신께 찬양을 드리옵니다!"

"천국의 아름다운 분수에 걸고 말하노니, 내가 지금 얼마나 많은 것을 배웠는가! 우리가 모르는 것이 이렇듯 많다니! 별을 연구하고 시를 쓰고 운동 솜씨를 발휘했던 그 유명한 그리스인은 우리의 깊은 존경을 받을 가치가 있소. 지금부터 별이 빛나는 하늘을 올려다볼 때마다, 시리우스를 볼 때마다 나는 자신이 읽을 수 없었던 책에 둘러싸여 자신의 죽음에 관한 시를 썼던 그 현자의 비극적인 죽음을 생각할 것이오."

그리고 왕자의 어깨에 손을 얹으며 말을 덧붙였다.

"자 그럼 이제 세 번째 현자께서 우리의 셈도사를 이길 수 있을지 한번 보도록 하시지요!"

28

참인 사실과 거짓 법칙

특이한 시험은 계속된다. 세 번째 현자의 문제에 베레미즈는 참인 예에
서 나온 거짓 법칙에 대한 이야기를 흥미롭게 설명한다.

베레미즈에게 질문할 세 번째 현자는 알칼라 출신의 유명한 천문학자 아불 하산 알리였다. 그는 칼리프의 특별 초청을 받고 바그다드로 왔는데 키가 크고 깡마른 데다 얼굴에 주름이 있었다. 오른쪽 손목에 넓은 금팔찌를 끼고 있었는데 소문에 따르면 그 위에 12궁이 새겨져 있다고 했다. 그는 왕과 제후들에게 예를 갖춘 다음 베레미즈를 향했다. 그의 굵은 목소리가 방안에 울려퍼졌다.

"그대가 제시한 두 번의 대답으로 그대의 학문이 기초가 탄탄하다는 사실을 증명했소이다. 또 그리스 학문과 우리의 경전에 관한 상세한 내용을 통달하고 있다는 것도 보여주었소. 그러나 사실을 수집하는 것만으로는 사막의 신기루가 진짜 오아시스가 될 수 없듯이 진정한 지식의 체계를 형성할 수 없는 법이오. 지식이란 사실을 관찰하고 그로부터 법칙을 추론해 내야만 하는 것이오. 그런 법칙의 도움으로 우리는 다른 사실들을 처리하거나 삶의 조건을 개선할 수 있는 것이지요. 이는 모두 사실이지요. 그렇다면 우리는 어떻게 진실에 도달할 수 있을까요? 다음과 같은 의문이 생길 수 있을 것입니다.

"수학에서 참인 사실에서 거짓 규칙에 도달할 가능성이 있을까요? 셈도사여, 그대의 대답이 듣고 싶소이다. 그것을 간단한 예를 들어 설명해 주기 바라오."

베레미즈는 잠시 깊은 생각에 잠기더니 정신을 가다듬고 다음과 같이 말했다.

"한 수학자가 호기심에서 네 자릿수의 제곱근을 결정하고자 한다고 가정해 보겠습니다. 어떤 수의 제곱근을 제곱하면 답이 원래의 수가 나온다는 것을 알고 있습니다. 수학에서는 자명한 이치이지요."

"자 이제 그 수학자가 실험을 하기 위해 세 개의 수를 골랐다고 가정해 보지요. 2,025, 3,025 그리고 9,801을 택했다고 해보겠습니다.

그럼 2,025부터 시작해 보지요. 계산을 통해 그 수의 제곱근이 45라는 것을 알았습니다. 즉 45 × 45는 2,025이지요. 그러나 45라는 수는 2,025의 가운데를 잘라서 생기는 20과 25를 더해도 생기는 수입니다. 제곱근이 55인 3,025라는 수에서도 같은 현상을 볼 수 있습니다. 55라는 수는 3,025의 일부인 30과 25를 더하면 만들 수 있으니까요. 9,801라는 수도 마찬가

지입니다. 그 수의 제곱근은 99, 즉 98 더하기 1이지요. 이 세 가지 예를 보고 경솔한 수학자는 다음과 같은 법칙을 발표하고 싶은 기분이 들 것이옵니다.

'네 자리 수의 제곱근을 구하려면 그 수의 가운데를 잘라 둘로 나눈 다음 그 수를 더하면 된다. 그 답이 주어진 수의 제곱근이 될 것이다.'

누가 봐도 틀린 그 법칙은 세 개의 참인 예로부터 나온 것이지요. 수학에서는 단순한 관찰을 통해 어떤 법칙에 도달하는 것은 불가능합니다. 그러나 위의 경우처럼 잘못된 추론을 피하는 데도 각별한 주의가 필요합니다."

천문학자 아불 하산은 베레미즈의 대답에 만족하는 빛이 역력했다. 그는 수학적으로 잘못된 유추에 관해 그렇게 간단하고 흥미롭게 설명하는 것을 한 번도 본 적이 없다고 선언했다.

칼리프의 신호로 네 번째 현자의 차례가 되어 질문할 준비를 마쳤다. 그의 이름은 자발 이븐 와프리드로 시인이며 철학자인 동시에 천문학자였다. 그의 고향인 톨레도에서는 이야기꾼으로도 유명했다. 나는 그의 존경할 만한 인품과 엄숙하면서도 친절한 눈길을 결코 잊을 수 없을 것이다. 그는 연단 끝으로 나와 셈도사를 향해 말을 시작했다.

"그대가 내 질문을 이해하도록 하기 위해 옛 페르시아의 전설을 먼저 들려주어야 할 것 같소이다."

이 말에 칼리프는 반색했다.

"오 달변가인 현자여 말해보시오. 우리는 그대의 지혜로운 이야기를 듣기를 갈망하오. 그대의 이야기는 이들에게 황금 조각이 떨어지는 것과 같다오."

톨레도의 현자는 대상들의 행진처럼 단호하고 변함없는 목소리로 다음 이야기를 들려주었다.

29

계속되는 시험

네 번째, 다섯 번째 문제가 이어지고 베레미즈는 가볍게 해결한다.
옛 페르시아의 전설에서 영감을 얻은 영혼과 물질의 문제, 성경에서
얻은 인간적인 문제와 초인적인 문제에 대하여.

페르시아와 이란의 대평원을 다스리던 강력한
왕이 있었습니다. 하루는 한 고행승에게 진정한 현자는 인생에서 영적인
것과 물질적인 것을 파악하고 구별할 수 있어야 한다는 말을 들었습니
다. 그 왕의 이름은 아스토르였으나 고귀하신 분이라고 더 잘 알려져 있
었지요. 왕이 하루는 페르시아에서 가장 훌륭한 현자 세 명을 불러들여
각각 은화 두 닢을 준 다음 다음과 같이 말했습니다.

　"이 궁전에는 똑같이 생긴 방이 세 개 있소. 그 방들은 모두 텅 비어
있지요. 그대들이 할 일은 각자 맡은 방을 채워넣는 일이오. 그런데 그 임
무를 수행하는 데 지금 받은 은화 두 닢 이상을 써서는 안 되오."

　그 문제는 정말 어려운 것이었지요. 2디나르라는 형편없는 액수를 초
과하지 않는 범위에서 빈방을 채워야 했으니까요. 그러나 아스토르 왕이

내린 어려운 임무를 수행하기 위해 일에 착수했습니다.

얼마 후 그들이 대전으로 돌아왔고 문제에 대한 해답을 듣고 싶어 안달이 난 왕이 차례로 물었습니다.

첫 번째 현자는 다음과 같이 말했습니다.

"전하, 2디나르를 가지고 방을 가득 채워놓았나이다. 제가 생각해낸 답은 현실적인 것이옵니다. 건초 자루를 엄청나게 많이 사들여서 방을 바닥에서 천장까지 가득 채웠사옵니다.

"아주 훌륭하오!" 왕이 감탄했다. "그대의 해결은 진실로 상상력이 풍부한 것이오. 내가 생각하기에 그대는 인생의 물질적인 부분에 대해서 잘 의식하고 있는 것 같소. 그런 관점에서 볼 때 그대는 살아가면서 닥치는 문제들을 잘 해결할 수 있을 것이오."

두 번째 현자는 왕에게 절을 올린 다음 다음과 같이 말했지요.

"전하께서 내리신 임무를 수행하는 데 저는 반디나르밖에 쓰지 않았습니다. 초를 하나 사서 빈 방에 켜놓았지요. 전하! 전하께 손수 가보셔도 좋습니다. 그 방은 완전히 채워졌사옵니다. 빛으로 말이옵니다."

"정말 멋지군!" 왕이 감탄하여 외쳤다. "그대의 해답은 매우 뛰어나오. 빛은 삶에서 정신적인 부분을 상징하지. 그대의 영혼은 영적인 관점에서 오는 존재의 문제와 맞설 능력이 있을 것이오."

그러고 나서 세 번째 현자는 다음과 같이 말했다.

"만민의 왕이시여! 처음에는 그 방을 원래 모습 그대로 둘까 생각했사옵니다. 그 방은 빈 방이 아니라고 말하는 것이 쉬웠을 테니까요. 분명히 그 방은 공기와 어둠으로 가득 차 있었으니까요. 그러나 게으르다거나 속임수를 쓴다는 누명을 쓰고 싶지 않아 다른 두 사람의 동료들처럼 무엇인가 해야겠다고 생각했습니다. 그래서 저는 첫째 방에서 건초를 한 줌 가져다 촛불로 불을 붙인 다음 불을 껐습니다. 그랬더니 그 방은 연기로 가득 차게 되었지요. 전하께서도 짐작하시듯이 저는 한 푼도 쓰지 않았습니다. 돈은 그대로 있고 방은 연기로 가득 차 있사옵니다."

"기가 막히도다!" 고귀한 아스토르 왕이 탄복했다. "그대는 페르시아 아니 전 세계에서 가장 훌륭한 현자요. 그대는 완벽한 것을 얻기 위해 물질적인 것과 정신적인 것을 결합하는 법을 알고 있소."

톨레도의 현자는 이야기를 끝내고는 다시 베레미즈를 향해 친절하게 물었다.

"셈도사여. 이 이야기의 세 번째 현자가 했듯이 그대도 물질적인 것과 정신적인 것을 결합시키고, 인간적인 문제뿐 아니라 영적인 문제들까지도 해결할 수 있기를 바라오. 내가 묻고자 하는 것은 다음과 같소이다. 모든 역사가들이 언급했고 모든 문화권의 사람들이 잘 알고 있는, 인수를 하나만 사용하는 유명한 곱셈 식이 무엇이오?"

그 질문은 그곳에 있던 저명 인사들을 놀라게 했다. 성급한 마음을 감추지 못하는 사람도 몇 있었다. 내 옆에 있던 재판관 한 사람은 "저렇게 말도 안 되는 질문을 하다니!"라며 짜증스럽게 투덜거렸다.

잠깐 생각에 잠겼던 베레미즈가 다음과 같이 답했다.

"인수를 하나만 사용하고 모든 역사가들과 모든 문화권의 사람들이 알고 있는 수학식은 마리아의 아들 예수가 행한 물고기와 빵의 곱셈식이옵니다. 그 곱셈에는 인수가 하나밖에 없지요. 신의 뜻에서 오는 기적적인 능력이옵니다."

"기막힌 대답이오!" 톨레도에서 온 현자가 말했다. "이는 내가 들어본 대답 중에서 가장 훌륭하오. 셈도사는 내가 낸 질문을 반론의 여지가 없을 정도로 해결했소이다. 알라신께 찬양을!"

회교도인들 가운데 몇몇 참을성 없는 사람들이 깜짝 놀라 서로 쳐다보며 수근거리는 소리가 여기저기서 들렸다. 칼리프는 큰소리로 수근거리는 것을 중단시켰다.

"모두 조용히들 하시오! 우리는 마리아의 아들 예수를 존경해야 하오. 그분의 이름은 알라의 경전에서 19번이나 언급되었소."

그는 다섯 번째 현자를 보며 친절한 목소리로 말했다.

"시크 나시프 라할이여, 이제 우리는 당신의 질문을 기다리고 있소. 당신 차례요."

왕의 명령을 받고 다섯 번째 현자가 자리에서 일어났다. 머리가 하얗게 센 키가 작고 뚱뚱한 사람이었다. 그는 터번 대신 작은 초록색 모자를 쓰고 있었다. 모스크에서 강의를 하는 그는 학자들에게 예언자들의 말씀 가운데 모호한 부분들을 명쾌하게 설명해 주는 것으로 바그다드에서는 유명한 사람이었다. 나는 그가 공중 목욕탕에서 나오는 것을 두세 번 본 적이 있었다.

"현자의 가치는 그가 지닌 상상력에 의해서만 측정할 수 있습니다. 우연히 수를 선택하는 것이나 역사적 행위들을 상세히 기억하는 것은 순간적인 관심일 뿐이지요. 시간이 지나면 그런 것들은 잊히기 마련입니다. 여러분 가운데 코란에 글자가 몇 개 들어 있는지 기억하고 있는 분이 몇이나 됩니까? 까맣게 잊힐 운명에 놓인 수와 이름, 단어, 심지어 책 전체가 있습니다. 지식만으로는 인간을 현명하게 만들 수 없는 것이지요. 그래서 나는 여기 우리 앞에 있는 페르시아인 셈도사의 가치를 시험하는데 단순히 기억력이나 능력만으로는 대답할 수 없는 질문을 하나 할까 합니다. 나는 그가 이야기를 하나 들려줄 것을 청합니다. 3 나누기 3이라는 나눗셈이 언급만 될 뿐 답이 나오지 않고, 3 나누기 2라는 나눗셈을 나머지 없이 푸는 식이 들어 있는 간단한 옛날이야기를 하나 해주시겠소?"

"멋진 생각이야!" 푸른색 상의를 입은 노인이 속삭였다. "아무도 알아듣지 못하는 계산은 그만두고 대신 이야기를 듣게 되었네 그려."

"장담컨대 그 이야기에도 수가 나올 것이외다." 내 옆에 있던 의사가 작은 소리로 투덜거렸다. "두고 보시오. 모든 것이 결국은 계산과 수의 문제로 귀착될 테니."

"나는 그렇게 되지 않길 바라오." 노인이 말했다.

나는 다섯 번째 현자가 내놓은 요구를 듣고 너무 놀라 움찔했을 정도였다. 베레미즈가 어떻게 순식간에 이야기를 지어낼 수 있단 말인가. 그것도 언급은 되지만 실행은 되지 않는 나눗셈에다 한 술 더 떠서 3 나누기 2를 나머지 없이 해보라니. 논리적으로 3 나누기 2는 반드시 나머지가 1이 있어야 한다고 되어 있지 않은가? 그러나 나는 곧 걱정을 접고 내 친구의 상상력과 알라신의 자비를 믿기로 했다.

셈도사는 몇 분 간 기억을 더듬은 후에 다음 이야기를 시작했다.

30

강자의 수학

셈도사는 사자, 호랑이, 자칼이 계산하는 3 나누기 3과 3 나누기 2
에 대한 기막힌 우화를 들려준다. 힘센 자의 몫과 약한 자의 나머지
에 대한 수학 공식.

지혜로우시고 자비하신 알라의 이름 받들어 이 야기를 시작하겠나이다.

하루는 사자와 호랑이와 자칼이 그들의 거처인 컴컴한 동굴을 나와서 우호적인 관계로 순례를 떠났습니다. 어린 양떼가 풍부한 지역을 찾아 세상을 돌아다니려는 것이었지요.

거대한 정글 한가운데 이르렀을 때 자연스럽게 그들 가운데 대장 노릇을 하던 무시무시한 사자는 다리가 몹시 아팠습니다. 그는 커다란 머리를 뒤로 젖히고 큰 소리로 포효했지요. 그 소리가 너무 격렬해서 근처에 있던 나무들까지 흔들릴 정도였습니다.

너무 놀란 호랑이와 자칼이 서로를 쳐다보았습니다. 정적에 쌓여 있던 숲을 뒤흔드는 그 무시무한 포효를 듣고 나머지 두 동물들은 무서운 대장이 "배가 고프다!'라고 하는 뜻으로 알아들었지요.

"정말 피곤하시겠습니다. 대장." 자칼이 사자에게 걱정스럽게 말했습니다. "하지만 이 정글에 아무도 모르는 비밀통로가 분명히 있을 겁니다. 그것을 따라가면 곧 거의 폐허가 된 작은 마을에 도착하게 됩니다. 그곳에는 우리가 쉽게 덮칠 수 잇는 사냥감들도 풍부할 것이고⋯⋯."

"그럼 어서 가지, 자칼. 그 멋진 곳으로 어서 안내하라구!"

저녁이 되자 세 마리의 짐승은 자칼의 안내로 나지막한 산의 꼭대기에 도달했습니다. 그곳에서 내려다보니 넓고 푸른 초원이 펼쳐져 있었지요. 초원 한가운데는 세 마리의 온순한 짐승들이 위험이 닥친 것도 모른 채 풀을 뜯고 있었습니다. 양과 돼지 그리고 토끼였지요.

그렇게 쉽고 확실한 먹이를 본 사자는 만족스러운 표정으로 숱 많은 갈기를 흔들었습니다. 눈은 탐욕으로 번뜩였구요. 사자는 호랑이를 향해 짐짓 다정한 어조로 말했습니다.

"멋진 내 친구 호랑이야! 저기 세 마리의 훌륭하고 맛있는 먹이가 있는 게 보이는구나. 양과 돼지, 토끼가 아니냐. 전문가인 네가 우리 셋한테 저것들을 분배하는 일을 맡도록 해. 공정하고 동등하게 해야 할 거야. 저 세 마리 짐승을 형제들이 나누듯이 우리 셋 한테 한 번 나눠줘 보라구."

허영심이 많은 호랑이는 그 말에 기분이 좋아져서 자신은 적임자가 아니라는 겸손을 가장한 포효를 한 번 하고 난 후 다음과 같이 대답했습니다.

"우리의 왕이여. 왕께서 너그럽게 제안하신 분배는 간단한 것이라 비교적 쉽게 해결할 수 있습니다. 가장 질이 좋고 맛있는 저 양은 굶주린 사막의 사자들 한 떼를 모두 배불리 먹일 수 있을 것입니다. 그러니 양은 왕이 혼자 차지하십시오. 그것은 전적으로 대장 것입니다. 그리고 저 바짝 마르고 더럽고 불쌍한, 살찐 양의 다리 하나에도 못 미치는 돼지는 제가 차지하겠습니다. 저는 욕심도 없고 적은 양에도 만족하니까요. 그리고 마지막으로 살도 없고 왕의 접시에 올릴 가치도 없는 저 작고 보잘것없는 토끼는 우리의 친구 자칼에게 길을 안내해 준 데 대한 상으로 내릴 것입니다."

"이 바보에다 저만 아는 놈 같으니!" 사자는 불같이 화를 내며 으르렁거렸습니다. "누가 나눗셈을 그렇게 하라고 가르치더냐! 그 같은 결과가 나오는 3 나누기 3이 어디 있단 말이야?"

그러고는 발을 들어 무방비 상태에 있던 호랑이의 머리를 거세게 후려치는 바람에 호랑이는 몇 걸음 떨어진 곳으로 나가떨어져 죽고 말았지요. 그리고 나서 사자는 3 나누기 3의 비극적인 결과를 지켜보며 공포에 떨고 있던 자칼을 향해 말했습니다.

"자, 사랑하는 자칼. 나는 너의 지능을 항상 높이 평가해 왔지. 나는 네가 가장 똑똑하고 영리한 짐승이라는 것을 알고 있어. 이런 고난도의 문제를 재치 있게 해결할 수 있는 짐승이 너 말고는 없을 거야. 그래서 나는 이렇게 간단하고 하찮은 나눗셈을 네가 해결해 주길 바란다. 너도 방금 보았듯이 그 바보 같은 호랑이 녀석의 답은 영 맘에 들지 않았단 말이야. 이보게, 자칼 여기 군침이 도는 짐승들, 양과 돼지, 토끼를 한번 보게. 우리 둘이서 이 놈들 셋을 나누어야 해. 한번 나눠보게나. 내 몫이 무엇인지 정확히 알고 싶으니까."

"나는 대장의 충실하고 가엾은 부하이옵니다." 자칼이 겁에 질려 우는 소리로 말했습니다. "대장의 명령이라면 무조건 복종할 겁니다. 제가 여기 있는 세 짐승을 둘로 나누는 간단한 나눗셈을 현명하게 해보이지요! 수학적으로 가장 확실하고 공정하게 분배하자면 다음과 같습니다. 왕의 먹이가 될 가치가 있는 저 훌륭한 양은 대장의 고귀한 입맛에나 어울리는 것이지요. 대장은 의문의 여지가 없는 동물의 왕이니까요. 그리고 여기서도 꿀꿀 거리는 소리가 들리는 저 식욕을 돋우는 돼지 역시 대장의 왕다운 미각에 맞추기 위해 태어난 것이지요. 아는 자들은 다 이렇게 말하지 않습니까. 돼지고기는 사자들에게 힘과 에너지를 준다고요. 그리고 커다란 귀가 달린 저 겁 많은 토끼도 역시 대장의 입맛을 돋우는 음식입니다. 최고의 연회에서 왕들은 전통적으로 가장 섬세한 맛을 지닌 음식을 즐겨야만 하니까요."

"세상에 둘도 없는 자칼!" 자칼의 분배법에 매료된 사자가 찬사를 보냈습니다. "네가 하는 말은 언제나 현명하고 공정하구나! 3 나누기 2를 그토록 확실하고 완벽하게 하는 법을 도대체 누가 가르쳐주었느냐?"

"조금 전에 대장이 호랑이를 처치할 때 보여주었던 정의를 보고 배웠지요. 둘 중에서 하나는 사자이고 다른 하나는 힘없는 자칼일 때 나누는 법을 호랑이가 몰라서 그렇게 당했던 것이니까요. 저는 항상 이렇게 말하지요. 강자의 수학에서 몫은 항상 정해져 있고 나머지만 약자들에게 떨어지게 마련이지요."

그런 분배법을 제안했던 그날 이후로 사자의 야비함을 통해 깨달은 바가 있는 자칼은 이렇게 결심을 하였지요. 사자의 식탁에서 떨어지는 것만 받아먹으면서 기생충처럼 편안히 살겠다고 말입니다.

그러나 자칼이 잘못 생각했던 것입니다.

2, 3주 후 허기지고 화가 난 사자는 자칼의 비굴함에 싫증이 나서 호랑이에게 했던 것처럼 자칼도 죽여버렸답니다.

여기서 얻을 수 있는 교훈은 진실은 아무리 여러 번 말해도 지나치지 않다는 것입니다. 신께서 죄인에게 내리시는 벌은 항상 바로 코앞에 있기 때문이지요.

지혜로우신 재판관 나으리! 이 이야기야말로 두 번의 나눗셈이 행해진 가장 간단한 우화이옵니다. 첫째는 제시되긴 했으나 실행에 옮겨지지 않은 3을 3으로 나누는 분배식이었고, 둘째는 3 나누기 2가 나머지가 없이 행해진 경우였습니다.

셈도사가 말을 끝내자 깊은 정적이 감돌았다. 그곳에 모인 사람들은 모두 엄숙한 현자의 판결에 잔뜩 기대를 걸고 기다리고 있었다.

시크 나시프 라할은 초록색 모자를 초조한 듯 바로잡고 수염을 툭툭 건드리며 주저하듯 판결을 내렸다.

"그대가 들려준 이야기는 내가 요구한 것에 완벽하게 부합하는 것이오. 고백하건대 내게는 처음 듣는 이야기였소. 또 내 생각으로는 가치 있는 이야기였소이다. 그리스의 이솝도 그보다 더 나은 이야기를 지어낼 수 없었을 것이오. 내 의견은 그러하외다."

초록색 모자를 쓴 시크의 합격을 인정받은 베레미즈의 이야기는 그 자리에 있던 대신들과 귀족들도 모두 만족시켰다. 왕의 귀빈이었던 클루지르 샤 왕자는 함께 있던 사람들 모두에게 큰 소리로 말했다.

"지금 막 우리가 들었던 이야기에는 도덕적인 교훈이 하나 들어 있소. 궁전에서 아양을 떨고 다니며 강자의 카펫 위를 기어 다니는 불쌍한 아첨꾼들은 처음에는 비굴함으로 인해 뭔가를 얻을지 모르지만 결국에는 벌을 받게 되어 있소. 신께서 가차없이 벌을 내리시기 때문이오. 나는 내 나라로 돌아가면 이 이야기를 내 친구와 지인들 모두에게 들려줄 것이오."

칼리프 역시 베레미즈의 이야기가 훌륭하다고 생각했다. 그는 또 3을 3으로 나누는 이 주목할 만한 분배법을 서가에 보관하겠다고 말했다. 그 이야기는 도덕적인 교훈을 담고 있어 소중하게 보관할 가치가 있었기 때문이다.

곧이어 여섯 번째 현자가 앞으로 나왔다.

그는 스페인의 코르도바 출신으로 군주의 분노를 사서 망명하기 전까지 15년을 그곳에서 살았다. 중년쯤 되어 보이는 둥근 얼굴에 표정이 솔직하고 유머가 있어 보였다. 그를 추종하는 사람들은 그를 전제 군주들에 대항하는 해학적이고 풍자적인 시를 쓰는 데 매우 능통하다고 했다. 그는 예멘에서 평범한 안내자로 6년 동안 일했다.

"만민의 왕이시여!" 그가 칼리프를 지칭하며 말을 시작했다. "3을 2로 나누는 분배식에 대한 기막힌 우화는 정말 만족스러웠습니다. 그 이야기에는 훌륭한 교훈과 심오한 진리가 들어 있는 것으로 생각되옵니다. 대낮의 해처럼 명백한 진실 말입니다. 사실대로 말씀 드리자면 도덕적인 교훈이란 이야기나 우화의 형태로 표현될 때 생생하게 살아나게 됩니다. 제가 이야기를 한 가지 알고 있는데 그 안에는 나눗셈이나 제곱근, 분수 같은 것은 전혀 들어 있지 않습니다. 순수한 수학적 추론에 의해서만 풀 수 있는 논리에 관한 문제가 들어 있지요. 저는 그 문제를 이야기의 형태로 들려드릴 겁니다. 그리고 우리의 뛰어난 셈도사가 그 이야기 속의 문제를 어떻게 푸는지 보겠습니다."

그리고 나서 코르도바에서 온 현자는 다음 이야기를 들려주었다.

31

흰 접시, 검은 접시

순수한 수학적 추론에 의한 문제. 코르도바의 현자가 이야기를 들려준
다. 흰 접시 세 개, 검은 접시 두 개에 관한 수수께끼. 베레미즈는 여섯
번째 문제도 거뜬히 푼다.

유명한 아랍인 역사학자 마쿠도는 22권의 저서
에서 대양과 큰 강, 유명한 코끼리와 별과 산, 중국의 여러 다른 왕들과
수없이 많은 사물에 관해 이야기합니다. 그런데 소심한 왕 카심의 고명
한 딸 다히즈에 관해서는 언급조차 하지 않았습니다. 그렇지만 다히즈는 결
코 잊히지 않을 것입니다. 아랍어로 쓰인 책에서 수백 명의 시인들이 그
녀의 아름다움을 열광적으로 찬양하는 구절이 40만 구 이상 나타납니다.
그녀의 두 눈을 묘사하는 데 쓰였던 잉크만 하더라도 기름으로 바꾼다면
카이로 시를 50년 동안 밝힐 수 있을 만한 양이 될 것이옵니다. 여러분들
은 내가 과장을 한다고 생각하실지도 모르겠으나 형제들이여 결코 과장
이 아닙니다. 과장은 거짓말의 한 형태이니까요. 그럼 이제 제 이야기를
시작해 보겠습니다.

다히즈 공주가 18세 하고도 27일이 되었을 때 그녀는 세 명의 왕자에게 구혼을 받았습니다. 전설로 내려오는 그들의 이름은 아라딘, 베네피르 그리고 코모잔이지요.

카심 왕은 변덕이 많았습니다. 부유한 세 명의 구혼자 중에서 공주가 누구와 결혼해야 할지 어떻게 고를 수 있었을까요? 어느 누구를 선택하든 치명적인 결과가 따라올 수 있었습니다. 사위가 한 명 생기는 대신 구혼에 실패한 왕자 둘은 앙심을 품고 적이 될 테니까요. 자기 백성과 이웃 나라와 사이 좋게 어울려 평화롭게 살기만을 원하던 예민하고 소심한 왕으로서는 결정을 내리기가 너무 어려웠습니다. 그래서 다히즈 공주에게 가서 물었지요. 공주는 그중에서 가장 똑똑한 사람과 결혼하겠다고 선언했습니다.

공주의 결정에 카심 왕은 내심 기뻤습니다. 선택이 불가능해 보였던 문제에 대한 간단한 해답이라고 생각했기 때문이지요. 왕은 현자 다섯 명을 불러 세 명의 왕자에게 엄격한 시험을 내라고 했습니다. 그리고 셋 중에서 가장 똑똑한 왕자를 가려내라고 명했지요.

시험이 끝나자 세 현자들은 왕에게 세 명 모두가 정말 놀라울 정도로 똑똑한 사람이라고 보고했습니다. 그들은 모두 수학과 문학, 천문학, 물리학에 조예가 깊었습니다. 어려운 체스 문제를 풀었고 기하학의 미묘한 점과 모든 종류의 복잡한 수수께끼까지 전부 풀었습니다. 현자들은 "그

들 중 한 명을 선택할 수 있는 정확한 방법을 모르겠나이다."라고 보고했
지요.

안타깝게도 그 일에 실패한 왕은 마법과 비술에 관해 많이 알고 있다
고 명성이 자자한 한 고행승에게 자문을 구하기로 작정했습니다.

그 고행승은 왕에게 이렇게 아뢰었습니다. "셋 중에서 가장 똑똑한
왕자를 가려내는 길은 단 한 가지밖에 없사옵니다. 다섯 개의 접시에 관
한 시험이지요."

"그래, 그 방법을 써봐야겠다!" 왕이 탄성을 질렀습니다.

세 명의 왕자들은 궁전으로 소환되었고 고행승은 다섯 개의 단순한
나무접시를 보여주며 말했습니다.

"여기 접시가 다섯 개 있사옵니다. 둘은 검은색이고 셋은 흰색이지
요. 크기와 무게가 똑같고 색깔만 다릅니다."

그런 다음 시종 하나가 왕자들이 아무것도 볼 수 없도록 조심스럽게
그들의 눈을 가렸습니다. 그러자 늙은 고행승이 접시 세 개를 임의로 집
어들고는 세 구혼자들의 등에 하나씩 묶었습니다. 그러면서 이렇게 말했
지요. "왕자님들은 각자 무슨 색깔인지 모르는 접시를 등에 붙이고 계십
니다. 이제 차례로 질문을 받게 될 것이옵니다. 등에 붙어 있는 접시의 색
깔을 알아맞히는 분이 승자가 되어 아름다운 다히즈를 얻게 될 것이옵니
다. 가장 먼저 질문받은 분은 다른 두 왕자님의 접시 색깔을 보실 수 있

습니다. 두 번째 왕자님은 세 번째 분의 접시만 볼 수 있지요. 그리고 세 번째 왕자님은 다른 분들의 것을 전혀 보지 않고 대답을 하셔야 합니다. 그리고 올바른 답을 해주신 분께서는 단순히 추측에 의한 것이 아니라는 것을 보여주기 위해 자신의 논리를 명확하게 제시해야 합니다. 그럼 어느 분께서 가장 먼저 하시겠습니까?"

"내가 먼저 하지요." 코모잔 왕자가 대답했습니다.

시종은 눈을 가렸던 띠를 풀어주었고 코모잔 왕자는 두 라이벌의 등에 붙어 있는 접시를 보았습니다. 고행승이 그를 한쪽으로 데려가서 대답을 들었는데 틀린 답이었습니다. 자신의 패배를 인정하고 그 자리에서 물러났습니다. 나머지 두 왕자들의 등에 있는 접시를 보았지만 자신의 접시 색깔을 알 수 없었던 것이지요.

"코모잔 왕자는 실패했소."라고 왕이 큰 소리로 다른 두 왕자에게 말했습니다.

"그럼 이번엔 내가 해보겠소." 베네피르 왕자가 말했습니다. 그는 가렸던 눈을 풀고 세 번째 왕자의 등에 붙어 있던 접시를 보았습니다. 그러고는 고행승에게 손짓을 해서 작은 소리로 답을 말했습니다. 그러나 고행승은 고개를 저었습니다. 두 번째 왕자도 답을 맞추지 못했고 즉시 그 자리를 떠나라는 명을 받았지요. 이제 아라딘 왕자 한 사람만 남게 되었습니다.

왕이 두 번째 구혼자도 역시 실패했다는 사실을 발표하자 그는 눈을 여전히 가린 채 앞으로 나와 큰 소리로 자신의 등에 붙은 접시의 색을 알아맞혔습니다.

코르도바의 현자는 이야기가 끝낸 다음 베레미즈를 보며 말했습니다.

"아라딘 왕자는 다섯 개의 접시에 관한 문제의 해답을 반론의 여지가 없이 얻어내어 아름다운 다히즈를 얻었습니다. 자, 이제 먼저 그의 대답이 무엇이었으며, 둘째 자신의 접시 색깔에 대해 어떻게 그토록 확실하게 알 수 있었는지 말해주기 바라오."

베레미즈는 고개를 떨구고 잠시 생각에 잠겼다. 그러고는 머리를 들어 단호하고 분명한 어조로 다음과 같이 설명했다.

"어르신께서 들려주신 기묘한 이야기의 주인공인 아라딘 왕자는 카심 왕에게 이렇게 말했습니다. '제 등에 붙은 접시는 흰색이옵니다." 왕자는 자신의 답이 사실이라는 것을 알고 있었지요. 그렇다면 그런 결론을 이끌어낸 된 논리는 무엇이었을까요? 그는 앞의 두 구혼자들이 보았을 것에 관해 생각해 보았습니다.

첫 번째 코모잔 왕자는 자신의 연적 두 명의 접시를 보았습니다. 그러나 그랬음에도 불구하고 틀린 답을 말했지요. 왜 틀렸을까요? 그가 틀린 답을 말했던 것은 답을 확실히 몰랐기 때문입니다. 그가 검정색 접시 둘을 보았더라면 실수를 하지 않았거나 아니면 자신 있게 말했을 것입니다. '나의 연적들이 검정색 접시를 붙이고 있는 것을 보았습니다. 검정색 접시는 두 개밖에 없으니 제 것은 분명 흰색이옵니다.'

그러나 코모잔의 대답은 틀렸고 따라서 그가 보았던 접시는 둘 다 검정은 아니었던 것이지요. 둘 다 검정이 아니었다면 두 개의 가능성이 남게 됩니다. 그들은 둘 다 흰색이었거나 아니면 하나는 흰색 다른 하나는 검정색이었겠지요. 코모잔이 흰색 접시 두 개를 보았더라면 아라딘은 내 등에 있는 접시는 흰색이 틀림없다고 추정했을 것입니다. 그러나 코모잔이 하나는 검정, 하나는 흰색을 보았더라면 우리 중 누가 검정색을 가지고 있을까? 만약 나라면 베네피르는 대답을 알았을 거라고 아라딘은 추론했던 것입니다.

따라서 베네피르는 다음과 같이 추론했을 것입니다. 세 번째 왕자가 검정색을 붙이고 있는 것을 안다. 내 것도 검정이었다면 검정색 두 개를 제일 먼저 보았던 코모잔 왕자가 틀린 답을 말했을 리가 없다. 그런데 그가 틀렸으므로 내 것은 흰색일 수밖에 없다. 두 번째 왕자도 역시 틀렸으니 그도 확실한 답을 몰랐을 것이다. 그가 확신이 없었던 것은 내 등에 붙어 있었던 것이 검은 접시가 아니라 흰색이 틀림없다고 아라딘은 추론을 했지요. 그래서 아라딘은 다음과 같이 결론을 내렸던 것입니다. 두 번째 가정에 따라 내 등에 있는 접시는 흰색인 것이 확실하다."

베레미즈는 말을 이어갔다. "아라딘은 그렇게 추론을 했던 것입니다. 절대적인 확신을 얻고서 문제를 해결한 아라딘은 '내 접시는 흰색입니다.'라고 말할 수 있었던 것이옵니다."

그러자 코르도바의 현자는 칼리프를 향해 다섯 개의 접시 문제에 대한 베레미즈의 해결 방법은 탁월하며 옳은 것이라고 선포했다. 단순하면서도 명확한 그의 추론은 흠잡을 데 없고 그곳에 있던 사람들 모두가 문제를 이해했을 것이며, 나아가 후에 대상 행렬이 사막에서 휴식을 취할 때 들려줄 수도 있을 정도라고 확신한다고 했다.

내 앞의 붉은색 방석에 앉아 있던 피부색이 검고 성질이 고약하게 생긴 데다 보석을 주렁주렁 달고 있던 예멘의 한 시크가 옆에 있던 친구에게 수근거렸다.

"저 말 들었소? 사예그 대장? 코르도바에서 온 저 사람은 흰접시와 검은접시에 관한 이야기를 우리가 다 이해했을 것이라고 말하네 그려. 난 전혀 그렇지 않은 데 말이야. 나로 말하자면 한마디도 못 알아들었는데 말일세. 세 명의 구혼자 등에 검은접시와 흰접시를 붙일 생각은 정신 나간 고행승이나 할 일이 아니냔 말이야. 차라리 사막에서 낙타경주나 시키는 것이 훨씬 실질적이었을 거라구. 그러면 확실한 승자가 있고 그 문제는 완벽하게 해결되었을 텐데 안 그런가?"

사예그 대장은 대답이 없었다. 그는 사랑에 관련된 문제를 사막에서 벌이는 낙타경주로 풀겠다고 하는 멍청한 예멘의 시크를 무시하는 것 같았다.

칼리프는 베레미즈가 시험의 여섯 번째 관문을 통과했다고 정중하게 선언했다.

우리의 친구 셈도사가 마지막 일곱 번째 시험에서 성공할 수 있을까? 지금까지 보여주었던 것처럼 명석하게 난관을 극복할 수 있을까? 알라신께서만 아시리라!

결국 모든 것이 우리가 바라던 대로 되어가고 있다는 것을.

32

가장 가벼운 진주

마지막으로 남은 천문학자가 옛날 불교 승려의 수수께끼인 가장 가벼운 진주에 대한 문제를 낸다. 그 천문학자는 오마르 카얌의 시를 인용하여 베레미즈를 칭송한다.

　　　　모힐딘 이하이아 바나빅사카르는 기하학자인
동시에 천문학자였으며 회교도인 가운데서 가장 주목받는 사람이었다.
또 베레미즈를 상대할 일곱 번째이자 마지막 현자였다. 레바논 태생인
그의 이름은 다섯 회교 사원에 새겨져 있고 그가 쓴 책은 기독교인 사이
에서까지 읽히고 있었다. 이슬람의 하늘 아래 지성과 지식이 그보다 더
번뜩이는 사람은 없었다.

　　학식이 높은 바나빅사카르는 분명하고 정확한 목소리로 다음과 같이
말했다.

　　"나는 지금까지 들었던 모든 것에 대해 진심으로 기쁘게 생각합니다.
뛰어난 페르시아의 수학자는 의문의 여지가 없는 자신의 재능을 거듭 증
명해 보였습니다. 이 기막힌 시험에서 내가 맡은 역할을 수행하기 위해

어렸을 때 불교 승려에게서 배웠던 재미있는 문제를 여기 있는 수학자에게 제시하려고 합니다. 그 승려는 수학에 통달한 분이셨지요."

칼리프는 매우 흥미를 보였다.

"자 아랍의 형제여. 그 이야기를 들려주구려! 그대가 내는 문제를 매우 즐거운 마음으로 들을 것이오. 우리의 젊은 페르시아인이 옛날 불교 승려의 수수께끼 해결 방법을 알고 있기를 바라오. 지금까지 계산 영역에서 그를 능가할 사람이 없다는 사실을 증명해 보였으니 말이오."

레바논인 현자는 자신이 했던 말이 왕과 그곳에 모여 있던 모든 사람들의 주목을 끌었다는 것을 알고는 셈도사를 응시하며 다음과 같이 말했다.

"내가 내는 문제는 '가장 가벼운 진주에 관한 문제'라고 부르는 것이 적당할 것이오."

"인도 베나레스의 한 상인은 모양과 크기와 색깔이 똑같은 여덟 개의 진주를 가지고 있었지요. 그 여덟 개의 진주 가운데 일곱 개는 무게까지 같았다오. 그런데 나머지 한 개는 다른 것들에 비해 약간 무게가 덜 나갔지요. 그 상인은 어떤 진주가 더 가벼운지 어떻게 알아냈을까요? 저울로 무게를 두 번만 재고 추도 전혀 사용하지 않고 말입니다. 오 셈도사여. 이것이 문제요. 알라신께서 그대가 단순하고 완벽한 해답을 찾을 수 있도록 인도해 주시길 빌겠소."

현자가 들려준 문제를 듣고 난 후, 사예그 대장 옆에서 금목걸이를 하고 머리가 하얀 시크가 낮은 목소리로 중얼거렸다.

"기가 막힌 문제로군! 저 레바논 사람은 천재적인 인물이네 그려. 삼나무의 나라 레바논에 축복이 있기를!"

베레미즈는 여느 때처럼 잠시 생각에 잠겼다가 느리지만 단호한 어조로 말했다.

"제게는 불교 스님이 내셨다는 이 문제가 그렇게 어려운 것 같지 않사옵니다. 명확한 추론을 따라가다 보면 확실한 해답에 도달할 수 있으니까요."

"그럼 보실까요. 똑같이 생긴 진주가 여덟 개 있다고 했습니다. 형태와 색깔 크기와 광택까지 같다고 말입니다. 그리고 그 여덟 개 중 한 개가 다른 것들에 비해 가볍다는 점도 확실하구요. 다른 것들보다 무게가 가벼운 진주를 가려내는 유일한 방법은 저울을 사용하는 것뿐이지요. 바늘이 길고 무게를 다는 접시가 가벼우며 눈금이 정교하게 만들어진 저울이어야 하겠지요. 또 한 가지 더 말씀드린다면 저울이 정확해야 할 것입니다. 진주를 두 개씩 집어서 저울의 접시에 각각 하나씩 올려놓는다면 결국 가벼운 진주를 가려낼 수 있는 것은 당연한 일이겠지요. 그런데 그것이 마지막 한 쌍 중에 들어 있다면 무게를 네 번 달아야 할 것이옵니다. 그런데 문제는 두 번만 달아서 가벼운 진주를 찾아내라고 하셨습니다.

제 생각에 가장 간단한 방법은, 먼저 진주를 A, B, C의 세 그룹으로 나눕니다. A그룹에는 진주 세 개가 들어 있고 B그룹에도 역시 세 개, 나머지 두 개는 C그룹에 놓습니다. 그러면 두 번만 재고도 가벼운 진주를 가려낼 수 있사옵니다. 다른 일곱 개의 무게가 정확히 같다는 가정 아래서 말입니다.

그룹 A와 B를 각각 저울 한 쪽에 한 그룹씩 올려놓습니다. 두 가지 상황이 발생할 수 있습니다. A와 B의 무게가 같다면 가벼운 진주가 그 두 그룹에는 들어 있지 않다는 것을 알 수 있겠지요. 그러므로 C그룹에 있는 두 개 중 하나가 가벼운 진주일 것입니다. 그 두 개의 진주를 양쪽 접시 위에 하나씩 올려놓으면 두 번째 잴 때 어느 쪽이 가벼운지 알 수 있지요.

두 번째 경우는 그룹 A가 그룹 B보다 가볍거나 그 반대의 경우인데 이때 가벼운 진주가 둘 중 한 그룹에 속해 있다는 것은 분명해집니다. 그러면 그 그룹에서 아무 진주나 두 개를 골라 저울 위에 올려놓고 한 번 더 재는 것이지요. 저울이 수평을 이룬다면 남아 있던 진주가 우리가 찾던 것이고 저울이 수평을 이루지 않는다면 물론 올라가는 쪽에 있는 것이 가벼운 진주가 틀림없지 않겠습니까?

그렇게 하면 저명하신 불교 스님께서 내신 문제는 풀렸고 저는 명망이 높으신 레바논의 현자께 그 해답을 바칩니다."

천문학자 바나빅사카르는 베레미즈가 제시한 해답이 진실로 흠잡을 데 없다는 것에 동의했다. 그리고 다음과 같이 말했다.

"오로지 진정한 수학자만이 저런 완벽한 추론을 해낼 수 있을 것이오. 내가 지금 막 들었던 해법은 아름다움과 단순함으로 볼 때 진정한 한 편의 시라고 할 수 있소이다."

그러고 나서 레바논의 천문학자는 셈도사에게 경의를 표하는 의미에서 페르시아 최고의 시인이며 명망 높은 수학자인 오마르 카얌의 시를 인용했다.

그대의 가슴 가까운 곳에 장미 한 송이를 간직해 왔다면
그대의 겸손한 기도를 공정한 초월자이신 신께 바쳐왔다면
언젠가 그대의 잔을 높이 들어 삶을 찬미하는 노래를 불렀다면
그대는 헛된 삶을 살아오지 않았다네.

크게 감동한 베레미즈는 고개 숙여 자신에게 경의를 표한 것에 감사
하며 오른손을 가슴에 얹었다.

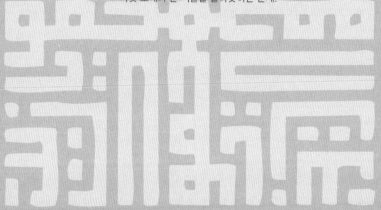

33

검은 눈, 파란 눈

무사히 시험을 마친 베레미즈에게 칼리프는 상을 내리려 한다. 그러
나 베레미즈는 텔라심에게 청혼을 하고 또 하나의 시험에 직면한다.
다섯 노예의 눈 색깔을 알아맞히는 문제.

베레미즈가 레바논의 현자가 낸 문제를 해결하고 나자 왕은 두 명의 고문과 작은 소리로 의논한 다음 이렇게 말했다.

"그대가 제시한 답을 통해 그대는 약속했던 상을 받을 자격이 충분하다는 것이 입증되었네. 따라서 나는 그대에게 선택권을 주려고 하네. 2만 디나르의 금화를 받겠나 아니면 바그다드에 궁전을 하나 소유하는 쪽을 택하겠나? 아니면 한 지방을 다스리는 수령이나 내 조정의 대신은 어떨까?"

이 말에 깊이 감동한 베레미즈가 대답했다.

"자비로우신 전하! 저는 재물도 명예도 선물도 원하지 않사옵니다. 그런 것들은 아무런 가치도 없다는 것을 잘 알고 있기 때문이옵니다. 저는 그러한 특권에 마음이 끌리지 않습니다. 제 영혼은 덧없는 영광에 지나지 않는 세속적인 재물을 추구하지 않기 때문이옵니다. 그러나 전하께서 전에 말씀하신 대로 소인을 모든 회교도들이 부러워하는 사람으로 만들어주시겠다고 하신다면 제 소원을 말씀드리겠나이다. 저는 시크 이에 지드 아불 하미드의 딸인 어린 텔라심과 결혼하기를 원하옵니다."

셈도사가 제시한 뜻밖의 요구에 대전은 말로 표현할 수 없을 정도로 술렁였다. 주변에서 들려왔던 말들을 모두 종합해 보면 그곳에 있던 사람들은 모두 베레미즈가 완전히 미쳤다고 생각한다는 것을 알 수 있었다.

"저 사람 제정신이 아니군." 내 뒤에 있던 푸른색 상의를 입은 마른 노인이 중얼거렸다. "미쳤다니까. 재물도 거절하고 명예로부터도 등을 돌리고 한 번도 보지 못한 어린 처녀와 결혼하겠다는 게 소원이라니!"

얼굴에 흉터가 있는 남자가 그의 말을 받았다.

"정말 돌았어요. 정말이라니까요. 자기를 싫어할지도 모를 처녀와 결혼시켜 줄 것을 청하다니, 맙소사!"

사예그 대장이 작은 소리로 나쁜 뜻을 내비치며 물었다.

"파란 양탄자가 마법을 부린 것은 아닐까? 파란 양탄자의 마법에 걸렸을까요?"

노인이 탄성을 질렀다. "그래 맞아! 그 파란 양탄자로군! 여자들의 마음을 빼앗는 마법은 없는데 말이야."

나는 다른 생각을 하는 체하면서 그 말들을 모두 들었다. 베레미즈의 요청에 칼리프는 얼굴을 찡그리며 심각한 표정을 지었다. 왕은 시크 이에지드를 불러들였고 그들은 잠깐 동안 낮게 속삭였다. 그들이 의논한 결과는 무엇이었을까? 시크는 자기 딸의 정혼에 동의하였을까?

얼마 동안 시간이 흐른 후, 칼리프는 깊은 정적이 감도는 가운데 다음과 같이 말했다.

"베레미즈여, 나는 그대가 아름다운 텔라심과 행복한 결혼을 하는 것을 반대하지 않을 것이네. 또 여기 있는 나의 자랑스러운 친구 시크 이에지드도 지금 막 상의한 결과 자네를 사위로 받아들이기로 했다네. 나는 그대가 인간성이 풍부하며 훌륭한 교육을 받았고 신앙심이 돈독하다는 것을 알게 되었지. 그런데 아름다운 텔라심은 지금 스페인에서 전투 중인 다마스커스의 한 시크와 정혼했던 사실이 있다네. 그러나 텔라심 본인이 자신의 인생행로를 바꾸고자 한다면 그녀를 말릴 생각은 없네. 이런 말도 있지 않은가! 화살은 일단 날아가면 기뻐하며 소리친다네. '난 이제 자유다! 자유야!' 그러나 사실상 그 화살은 속고 있는 거지. 궁수가 겨냥한 곳으로 가야 하는 운명을 타고난 것일 뿐이라는 것을 모르고 말일세. 이슬람의 어린 꽃의 경우도 다르지 않아! 텔라심이 언제든 대신이나 군수가 될 수 있는 지체 높은 시크를 거부하고 평범한 페르시아인 셈도사를 남편으로 맞아들일 운명이라면 말일세! 알라신의 뜻대로 이루어지길!"

칼리프는 잠시 멈추더니 다시 강경한 어조로 계속했다.

"그렇지만 조건이 하나 있다네. 여기 모인 모든 사람들 앞에서 그대는 카이로에서 온 고행승이 내는 기이한 문제를 하나 풀어야 하네. 그 문제를 제대로 풀면 텔라심과 결혼할 수 있어. 그렇지 않으면 그 황당한 꿈은 영원히 포기하고 내게서 아무것도 받지 못할 것이야. 이 조건을 받아들일 텐가?"

"모든 믿는 이들의 주인이시여! 문제만 내려주신다면 제가 풀어보겠나이다."

그렇게 해서 칼리프는 말을 시작했다.

"아주 간단히 말하자면 문제는 다음과 같아. 내게는 다섯 명의 아름다운 여자 노예가 있지. 몽골 왕자에게 최근에 사들였다네. 그 매혹적인 노예들 중 두 명은 눈동자가 검은색이고 나머지 셋은 파란색이지. 검은눈인 두 명은 늘 어떤 질문에든 진실한 답만 말한다네. 반면에 파란눈인 세 명은 타고난 거짓말쟁이들이라 결코 진실을 말하는 법이 없지. 잠시후에 그 다섯 노예들을 모두 두꺼운 베일로 얼굴을 가린 채 이리 데리고 올 것일세. 물론 그들의 얼굴을 볼 수 없지. 그대는 한치의 실수도 없이 누가 검은눈이고 누가 파란눈인지 밝혀내야 하네. 다섯 노예 중 세 명에게 질문을 할 수 있는데 한 사람에게 한 가지씩만 물어볼 수 있어. 그들세 명의 대답을 통해 그대는 문제를 풀고 해답을 찾아내게 된 추론 과정을 상세히 설명해야 하네. 그대의 질문은 그 노예들이 대답할 수 있는 범위 안에서 아주 단순한 것들이어야 할 거야."

얼마 후 모든 사람들이 주시하는 가운데 다섯 명의 여자 노예들이 접견실로 들어왔다. 그들의 얼굴은 사막의 유령들처럼 검은 베일로 가려져 있었다.

"아, 왔구먼." 왕은 다소 자랑스럽게 말했다. "내가 말했듯이 두 명은 눈동자가 검은색이고 진실만을 말한다네. 그리고 나머지 셋은 눈동자가 파란색이고 항상 거짓말만 하지."

"이런 황당한 일이 있나!" 마른 노인이 투덜거렸다. "재수가 없으려니. 원! 내 숙부의 딸이 눈동자가 검은데. 아주 검어. 하루 종일 거짓말만 한다니까!"

그 노인은 얼토당토 않은 말을 했다. 지금 농담할 때가 아니지 않은가. 다행히 그 뻔뻔스러운 노인네의 시덥잖은 말에 아무도 신경 쓰지 않았다. 베레미즈는 자신이 결정적인 순간에 도달했다는 것을 알고 있었다. 어쩌면 전 생애를 통해 가장 중요한 순간이었을 것이다. 바그다드의 칼리프가 그에게 낸 문제는 독창적이며 난해한 데다 함정으로 가득할 수도 있었다. 그는 세 명의 여자 노예들에게 자유롭게 질문할 수 있었으나 어떻게 그들의 대답을 통해 눈 색깔을 알아낼 수 있을 것인가? 그리고 질문을 하지 않은 두 명의 눈 색깔을 또 어떻게 알 수 있단 말인가?

확실한 것은 한 가지밖에 없었다. 검은눈인 두 명은 항상 사실을 말한다는 것이고 나머지 셋은 늘 거짓말을 한다는 사실. 그러나 그것으로 충

분할까? 베레미즈는 또 노예들이 이해할 수 있는 범위에 속하는 아주 당연한 질문들을 해야 했다. 그러나 노예의 대답이 참인지 거짓인지 어떻게 확신할 수 있단 말인가? 정말 난해한 문제였다.

베일을 쓴 다섯 명의 여자 노예들은 바늘 떨어지는 소리까지 들릴 정도로 조용하고 호화로운 방 한가운데 일렬로 서 있었다. 시크와 비지에르들은 왕이 낸 문제의 답을 기대감에 차서 기다리고 있었다. 셈도사는 오른쪽 맨 끝에 서 있던 첫 번째 노예에게 다가가서 조용히 물었다.

"네 눈 색깔이 무엇이냐?"

노예는 알아들을 수 없는 말로 대답했다. 중국어가 분명했다. 그곳에 있던 사람들 중 누구도 알아듣지 못했을 것이다. 나도 전혀 무슨 말인지 알 수 없었다. 칼리프는 다음부터는 간단하고 정확한 아랍어로 대답하라는 명을 내렸다.

이런 예기치 않았던 돌발사태로 인해 베레미즈에게는 상황이 더 어려워졌다. 그는 이제 두 개의 질문밖에 할 수 없었다. 첫 번째 질문은 완전히 날아가버린 것이었다.

그런데 베레미즈는 그 일로 당황한 것 같지 않았다. 그는 두 번째 노예에게 다가가면서 물었다.

"지금 막 네 친구가 했던 대답이 무엇이지?

두 번째 노예가 대답했다. "'내 눈은 파란색입니다.'라고 했습니다."

그 대답으로는 아무것도 해결되지 않았다. 두 번째 노예가 사실을 말했던 것일까, 아니면 거짓말을 하고 있던 걸까? 첫 번째 노예가 뭐라고 했을까? 그게 사실이었을까?

한가운데 있던 세 번째 노예가 다음 질문을 받았다.

"내가 지금 막 질문을 했던 저 두 소녀의 눈 색깔이 무엇이냐?"

마지막 질문을 받았던 세 번째 노예의 대답은 다음과 같았다. "첫 번째 노예는 검은눈이고 두 번째는 파란눈입니다."

베레미즈는 잠시 쉬었다가 왕 앞으로 나가서 말했습니다.

"모든 믿는 이들의 주인이시며 이 땅에 오신 알라신의 그림자이신 전하. 전하가 내리신 문제를 풀었사옵니다. 엄격한 논리를 거쳐 해답에 이르게 되었나이다. 오른쪽 처음에 있는 노예의 눈동자는 검은색이옵니다. 두 번째는 파란색이고 세 번째는 검은색이지요. 그리고 나머지 둘은 파란색이옵니다."

이 말과 함께 다섯 명의 여자 노예들이 베일을 들어올려 미소 띤 얼굴을 드러냈다. 접견실을 전체에 한숨을 내쉬는 소리가 들렸다. 베레미즈는 흠잡을 데 없는 지적 능력으로 노예들의 눈색깔을 정확히 알아냈다.

"모두 알라신께 찬양을 드립시다!" 왕이 소리쳤다. "이 문제는 수백 명의 현자와 시인, 문인들에게 주어졌던 것이오. 그러나 이 문제를 푼 사람은 여기 있는 이 페르시아인뿐이오. 어떻게 해답을 얻게 되었는가? 어떻게 그렇게 자신 있게 해답을 구할 수 있었는지 말해 보게나."

셈도사의 설명은 이러했다.

"네 눈의 색깔이 무엇이냐라는 첫 번째 질문에 저는 노예의 대답이 '제 눈은 검은색입니다.'일 수밖에 없다는 것을 알고 있었습니다. 그녀가 눈이 검은색이라면 사실을 말해야 했을 것이고 파란눈이었다면 거짓말을 할 수밖에 없었으니까요. 그러니까 대답은 하나, '제 눈은 검은색이옵니다.'밖에 없었던 것입니다. 저는 그 대답을 예상했지만 그녀가 제가 모르는 언어로 대답을 했던 것이 제게는 엄청난 도움이 되었습니다. 제가 대답을 이해하지 못했던 것으로 하고 두 번째 노예에게 물었지요. '지금 막 네 친구가 뭐라고 했느냐?' 그랬더니 '제 눈은 파란색입니다라고 했습니다.'라고 하더군요. 이것으로 두 번째 소녀는 거짓말을 하고 있다는 것이 증명되었지요. 이미 밝혀드린 바와 같이 그것은 첫 번째 노예의 대답이 될 수 없었던 것이었습니다. 따라서 두 번째 노예가 거짓말을 하고 있다면 그녀의 눈은 파란색이어야 하는 것이지요.

전하 이 문제를 푸는 데 이 점이 중요하옵니다. 다섯 명의 노예 가운데서 적어도 한 명은 수학적으로 확실하게 정체를 밝혀낸 것이지요. 두 번째 노예 말이옵니다. 그녀는 거짓말을 했으므로 파란눈이 틀림없었던 것이옵니다.

그리고 세 번째이자 마지막 질문은 중앙에 있던 소녀에게 물었습니다. '내가 지금 막 질문을 했던 저 두 소녀의 눈 색깔이 무엇이냐?' 그녀는 이렇게 대답했지요. '첫 번째는 검은색이고 두 번째는 파란색이옵니다.' 두 번째 노예가 파란눈이라는 것을 이미 알고 있었던 제가 세 번째 소녀의 대답을 듣고 어떤 결론에 도달하였겠습니까? 아주 간단하옵니다. 세 번째 소녀는 거짓말을 하지 않고 있는 것이지요. 그녀는 제가 이미 알고 있는 사실, 즉 두 번째 노예가 파란눈이라는 사실을 확인해 주었지요. 그녀의 대답은 또 첫 번째 소녀가 검은눈이라는 사실까지 알려 주었습니다. 세 번째 소녀가 거짓말을 한 것이 아니므로 그녀 역시 검은눈인 것이지요. 그렇게 제하고 나면 나머지 두 소녀가 파란눈이라는 사실을 이끌어낼 수 있는 것이지요.

전하 이 문제에서는 등식이나 대수학적 기호가 나타나지 않지만 문제의 완벽한 해답은 엄격하고 순수한 수학적 논리에 의해서만 얻어진다는 사실을 자신 있게 말씀드릴 수 있사옵니다."

그렇게 해서 칼리프가 낸 문제도 해결되었다. 그러나 더 어려운 또 다른 문제가 베레미즈를 기다리고 있었다. 그가 바그다드에서 꿈꾸어왔던 보물, 텔라심이 내는 문제였다.

여자와 사랑, 그리고 수학을 창조하신 알라신이여, 모든 찬미를 받으소서!

34

삶과 사랑

많은 수학 문제를 푼 베레미즈가 가장 잘 풀었던 문제는 삶과 사랑에 대한 문제였다. 텔라심과 결혼한 셈도사 베레미즈의 이야기는 비로소 막을 내린다.

1258년의 세 번째 달, 레게브 달에 징기스칸 손자의 휘하에 있던 타타르인과 몽고인들이 바그다드를 공격했다.

　　시크 이에지드는 술레이만 교 부근에서 벌어졌던 전투에서 전사했다. 칼리프 알 무타심은 포로로 잡혀 몽골인들의 손에 목이 잘렸다. 바그다드 시는 함락당하고 잔인하게 짓밟혔다. 5백 년 동안 예술과 문학, 과학의 중심이었던 그 아름다운 도시에 무너진 조각더미만 남아 있었다.

　　다행히도 나는 그 야만적인 정복자들이 문명사회에 저지른 범죄의 현장에 있지 않았다. 그 일이 있기 3년 전에 자비심 많은 클루지르 샤 왕자가 사망했고(그에게 신의 평화가 있기를!) 나는 텔라심과 베레미즈와 함께 콘스탄티노플에 가 있었다.

　　나는 매주 그의 집을 방문했다. 때때로 그가 아내와 세 아들과 함께

행복하게 사는 생활을 부러워하기도 했다. 그리고 텔라심을 볼 때마다 시인의 말들이 생각났다.

노래하라 새들아, 더 할 수 없이 순수한 노래를!
빛나라 태양이여, 더 할 수 없이 달콤한 빛으로!
사랑의 신이여, 화살을 날리게.
그대의 사랑에 축복 있으라, 내 여인이여.
그대의 기쁨이 넘칠 수 있도록

모든 문제 중에서 베레미즈가 가장 잘 풀었던 문제는 삶과 사랑에 대한 문제였다는 것은 전혀 의문의 여지가 없다.

여기서 나는 셈도사에 관한 이야기를 끝내려 한다. 수나 공식의 힘을 빌리지 않고.

| 옮기고 나서 |

《셈도사 베레미즈의 모험》의 실제 저자는 브라질의 저명한 수학 교육자 줄리오 세자르 데 멜로와 수자이다. 작가이자 뛰어난 강연자이기도 한 그는 말바 타한이라는 가명으로 69권의 소설과 51권의 수학책을 출간했으며, 그의 책은 지금까지 200만 부 이상 팔려 나갔다. 그중에서도 가장 널리 알려진 이 책은 브라질 초등학생들의 필독서로 1990년 후반까지 38쇄를 찍었다. 이 책은 영어본《The Man Who Counted》(W. W. Norton & Company, 1993)를 번역한 것이다.

19세기 말 브라질에서 태어난 줄리오는 말바 타한이라는 이름으로 세상에 알려지게 되었다. 그는 교사로서는 아주 드물게 축구선수만큼 유명했으며, 그가 교실에서 수업하는 모습은 관객을 사로잡으려는 결의에 찬 배우를 연상시켰다. 그는 모두가 두려워하는 수학을 놀이를 통해 가르치기 위해 자신만의 고유한 교수법을 고안해냈다. 그의 교수법은 오늘날까지 사람들의 존경을 받고 있으며 그의 교수법을 능가할 사람은 지금까지 아무도 없었다.

말바 타한은 줄리오에 의해 창조된 인물로 그의 작품들은 모두 말바 타한이라는 가명으로 계약이 되었다. 그는 아랍인 작가로 알려진 가공의 인물 말바 타한을 통해《천일야화》가 지닌 매력과 가벼운 터치로 산수와 대수학 문제들을 설명했다. 그는 "수학교사들은 전반적으로 사디스트들이다. 그들은 모든 것을 복잡하게 만드는 데서 희열을 느낀다."고 다른 수학교사들을 공격했다. 또 지루하게 말로만 설명하던 당시의 교수법을 "침만 튀기는 혐오스러운 방법"이라고 혹평하기도 했다.

줄리오 세자르가 교육자로서 명성이 널리 퍼져 나가면서 전국에서 강의 요청이 들어왔다. 그는 교실에서 또는 책을 통해 2,000회가 넘는 강의를 하면서 수학 시간에 놀이를 도입할 것을 주장했으며, 창의력과 동기가 부여된 공부, 그리고 주변의 사물을 활용할 것을 강조했다. 그가 마지막으로 했던 강의는 1974년 6월 18일 레시페에서 초등학교 교사들을 대상으로 산술의 역사에 관한 것이었다. 강의를 끝내고 호텔로 돌아오는 길에 상태가 안 좋아져 바로 사망했는데 사망 원인은 급체였던 것 같다. 그는 자신을 추모하는 추모식을 원하지 않았다. 유언장에서 밝힌 그 이유는 "검은 상복은 엄숙함의 옷을 입는 자들의 허식일 뿐이다. 나의 추모식은 그리움이며 그리움에는 색깔이 없다."는 것이었다.

이렇게 장황하게 저자에 대한 설명을 늘어놓은 까닭은 많은 사람들이 수학이라는 어렵고 두려운 대상을 재미있고 친근한 것으로 받아들이게 하기 위한 저자의 노력이 이 책에 오롯이 담겨 있기 때문이다. 수의 개념과 산수, 수에 얽힌 수수께끼와 수학의 역사뿐 아니라 세상을 살아가는 지혜와 주위에 대한 따뜻한 배려, 애틋한 사랑 이야기와 모험담이 절묘하게 어우러져 있다. 이 책을 통해 수학을 좋아하는 독자들은 색다른 재미를 경험할 것이며, 수학을 혐오하는 사람은 한편의 흥미진진한 소설을 읽는 사이에 자신도 모르게 수학과 수의 세계에 매료될 것이다. 후자는 바로 나 자신의 경험이다.

마지막으로 군데군데 이해가 되는 수학적 개념과 계산법, 풀이 과정 등을 익힐 수 있게 도와준, 수학을 정말 재미있어 하는 아들 정훈에게 감사한다.

이혜경